管理哲學的傳承，從古典到語現代

彼得·杜拉克

杜拉克

吳越舟 著

深度挖掘管理學之父的經典理論，塑造現代管理新紀元

管理，不僅是理論，更是「行動」的藝術！

從泰勒的科學管理，引領至當代知識工作者的領導革命，

如何讓平凡之人，創造非凡之業？

揭密人力資源與創新管理的核心！引領你走在管理的最前端！

目錄

目　錄

前言

　　何謂經典？經典就是具有穿透時空魅力的、能夠被廣泛接受的、產生歷久不衰影響力的著作和思想。管理大師中的大師 —— 彼得・杜拉克（Peter Ferdinand Drucker）的著作和思想，無疑是經典中的經典。他以旁觀者的視角，向人們展示與眾不同的管理世界。他創立了管理學科，成為「現代管理學之父」。他撰寫了 40 多部管理經典名著，這些著作對全世界的管理領域，產生巨大的影響。

　　由杜拉克首次提出的「知識工作者」、「人力資源」、「目標管理」、「自我管理」等概念和思想，沒有因時間流逝而消失，反而隨時代的發展，愈加深入人心，綻放出超時空的光芒。他提出的「管理本質在於實踐」、「優秀的管理是平淡的、沒有驚心動魄的事情發生」、「管理就是讓平凡的人做出不平凡的事」、「績效是管理者的最終使命」……等論斷，具有震撼人心的力量，讓初次聽到的人，產生醍醐灌頂之感。杜拉克的著作和思想，是進入管理之門、領悟管理大道的「聖經」。

　　回顧我 23 年行銷職業生涯 —— 5 年銷售人員、6 年行銷經理、12 年行銷總監的成長過程，還歷歷在目。在這充滿困

前　言

難、挑戰、探索和追求的過程中，杜拉克的思想理論，就像一座明亮的智慧燈塔，總是在最黑暗、最迷茫的時候，照亮我前進的方向。無論是市場經營上的困惑，還是組織管理上的煩惱；無論是模式探索的疑慮，還是團隊培育的焦灼……透過對杜拉克思想體系的長期學習與思考，我從專業經理人的角度，逐漸洞察大師理論體系的一條主要脈絡。透過對這個主脈絡的領悟，為應用理論、指導實踐、提升績效、不斷創新……奠定了一個堅實的基礎。

　　該如何領悟杜拉克的管理大道？我的啟蒙恩師曾經說過：「想領略彼得‧杜拉克的精神力量，必須從他的思想源頭開始，從他早期的著作開始。」也就是說，要老老實實地研讀原著，對杜拉克的原著細讀慢品，常讀常新，讀思結合，思中悟道，行中創新。

　　讀大師經典著作的第一要點，是「慢讀」。越是具有思想內涵的作品，就越是沉澱著作者經年累月、凝神沉思的成果，越不可能被讀者一眼看透、快速領悟。大師們的思想精髓，有時隱含在文章的言外之意，需要讀者透過表面，去參透文章背後的深意；需要放慢閱讀的節奏，去細細體會作者文字背後凝結的思想，看透作者在文章潛臺詞中所表達的思想。讀大師著作，拒絕速食式的閱讀，只有慢，才能品、才能思、才能悟、才能深。

讀大師經典著作的第二要點，是要「精讀」。杜拉克的著作，洋洋灑灑數百萬言，如果一部一部地慢慢細讀，不知何年何月可讀完。專業經理人的時間永遠是緊迫的，更何況他們時刻都面臨著經營與績效的壓力。俗話說：「知要精，行要快。」為了讀者能在短時間內掌握杜拉克思想的主要脈絡與精髓，這本書從杜拉克的首部著作中選取經典推論和思想，集中加以闡述，有系統地提煉出杜拉克思想的精華，以供管理領域各階層人員學習、研究與實踐之用。

　　讀大師經典著作的第三要點，在於「活用」。如果只讀不用、只讀不做，恰恰違背了杜拉克的教導。管理的關鍵在於行，而不在於知。雖然杜拉克的大部分著作，創作於 20 世紀的後半葉，距今已有幾十年之久，但這些著作的靈魂與神韻，則在神奇地穿越時空。在當前這個全球化與網路急速發展的時代，杜拉克跨越時空的智慧大道，似乎時時刻刻指點當前商業社會的發展軌跡與脈絡，許多現實在不斷應驗著他的神奇「預言」。所以在研讀的過程中，應吸取原著的核心精髓，並領悟其中的關鍵哲理，不斷結合當前活生生的「現實」，與剛剛發生的「案例」，去分析、探討與應用，只有這樣才能「活學活用」。

　　讀大師經典著作的第四要點，在於「我用」。不管是「六經注我」，還是「我注六經」，其共同點都是以「我」

　　為主，在應用中思考，在思考中應用。透過學習經典，為實踐找出普遍與必然性的理論方針；透過大膽實踐，檢驗、豐富與發展理論，從而推動管理理論的發展、培育出優秀的管理者。

　　大師畢竟是大師，大師是永遠的大師！

吳越舟

第 1 章　管理的本質

「管理是一種實踐，其本質不在於知，而在於行。其驗證不在於邏輯，而在於成果，其唯一權威就是成就。」

「管理就是界定企業的使命，並激勵和組織人力資源去實現這個使命。界定使命是企業家的任務，而激勵和組織人力資源，是領導者的範疇，兩者的結合就是管理。」

「把才華應用於實踐之中。才能本身毫無用處，許多有才華的人一生碌碌無為，通常是因為他們把才華本身視為一種結果。」「我建立了管理這門學科。我圍繞著人與權力、價值觀、結構與方式來研究這個學科，尤其圍繞著責任。」

「管理學科把管理視為一門真正的綜合藝術。」

對於「什麼是管理？」，管理學家沒有統一的定義，可以說，有多少管理學家，就有多少關於管理的定義。同樣，杜拉克也認為，「管理」（management）這個詞是極難理解的。因為這是美國特有的單字，很難翻譯成其他語言，甚至很難準確地翻譯成英式英語。它是指一種職能，但同時又指執行這個職能的人；它是指一種社會地位和層級，但同時也指一門學科和一個研究領域。從不同的角度，杜拉克對管理這個極難定義的概念，給出了獨特的定義，代表著他對管理本質的深入思考。

管理是一種實踐

杜拉克對「管理」這個定義，包含著豐富的內涵。

實踐重於理論

　　如何了解管理中實踐與理論的關係？在管理領域，有人偏重管理的知識，認為掌握管理的知識，就可以保證行動的正確，故而把注意力放在管理知識的掌握上。杜拉克對此發出警告 —— 管理是一種實踐，而不是理論 —— 管理的知識包含於實踐之中。從現實的管理實踐來看，很多管理者在從事管理工作時，可能並未掌握很多管理知識，但在管理的實踐過程中，卻脫穎而出，靠的是什麼？是在管理實踐的過程中，自我經驗的總結。只有自己在自身的管理實踐過程中總結出來的經驗，才是真正有用的。管理的理論知識，代表別人經驗的總結，對他們可能是管用的，換到別人身上則未必管用。借用一句佛家的話：「借來的火，點不亮自己的心靈。」管理必須靠自己總結經驗。

　　借來的火點不亮自己的心靈。企業管理絕非一蹴可幾，這就像請貝克漢（David Beckham）來為小學足球隊講課三天三夜，足球隊的實力也不會立刻迅速提升一樣。最重要的是

必須自立自強！沒有這種精神，想透過聽課就解決問題，那是天方夜譚！靠自己，用老老實實的態度，大膽地嘗試，在實踐中總結經驗，從經驗中提煉出有用的東西。這提醒管理者，每天都要有反思的時間，每件事不管成功或失敗，都要總結經驗、從中學習，尤其是從自己失敗的經驗中，學到的東西更多。

行動勝於綱領

在管理中，如果管理者能夠以身作則、率先做榜樣、以行動來說話，就可以勝過無數的檔案、號召。下屬總是對管理者聽其言、觀其行。孔子說：「其身正，不令而行；其身不正，雖令不從。」培根（Francis Bacon）曾經說過：「好的思想，儘管得到上帝讚賞，然而若不付出行動，無外乎痴人說夢。」組織中再好的策略和計畫，如果沒有付諸行動，那就是空的；如果每次都無法付諸行動，或半途而廢，則無異於空話。那些成功的管理者往往遵循「想到立即去做」的原則，雖然這樣做，有可能會遭遇失敗，但也可能抓住機會。即使失敗也是有意義的，至少可以證明這樣做不行，可以獲得經驗，這也比猶豫不決、錯失機會要好得多。

毋須三思而後行。很多人認為「三思而後行」是孔子的至理名言，奉為自己的座右銘，強調行動之前一定要深思熟慮，不要盲目、草率地行動。其實這誤解了孔子的原意，

《論語》中記載，有學生問孔子「三思而後行」怎麼樣？孔子說「何必要三思而後行，再思就可以了。」也就是認定要做某件事，經過兩次思考就足夠了，就可以付諸行動。不能一味地追求把什麼都想清楚。如果有這樣錯誤的理念，試圖在行動之前，把未來發生的一切都想清楚，既沒必要，也是不可能做到的。因為未來的發展很複雜，而人的知識和理性又是有限的，人不是神，怎能把未來發展的一切都弄清楚呢？只能在行動中，邊做邊完善，行動後才能逐漸趨近目標。做銷售的工作時，如果在拜訪客戶前，把客戶可能提出的問題都羅列下來，想到應對方法後，再去行動，這樣永遠不會有完善的那天。世界上沒有這種銷售人員，聰明的銷售人員總是立即行動，在與客戶的不斷接觸中累積經驗。即使剛開始時，被客戶不斷拒絕，但由於累積了經驗，知道客戶經常提出的問題、自己的回答為什麼會令客戶不滿意……長此以往，就累積了大量的經驗，對形形色色的客戶和各式各樣的問題，都能應對，都能找到令客戶滿意的回答。既累積了客戶資源，又提升了自己的能力。

遠離誇誇其談者。空談誤國，實幹興邦。清朝同治時期的重臣曾國藩，論資質、天分，並非絕頂聰明之人，但他一生謹守孔子「君子訥於言，而敏於行」的古訓，埋頭苦幹，從不說空話，在選擇朋友和部屬時，也以此為標準，遠離誇誇其談者，最終成就功業。曾國藩常說：「腳踏實地，從

淺處、實處著手，事業方可大可久。」他把實幹視為選人的第一標準，堅決不用輕浮之人。曾國藩早年在翰林院時，曾認識一個叫龐作人的庶吉士，曾國藩看他好說大話，不著邊際，於是就和他斷了往來。後來，當曾國藩事業有成，官至兩江總督、統率四省軍務時，龐作人慕名來見曾國藩，希望憑藉自己是曾國藩的故舊，而謀得官職。但曾國藩怎麼會用這種誇誇其談的人呢？他在日記中寫道：「這個叫龐作人的，自己一無所知，但是卻偏偏愛講學，早在京城的時候，就已經討厭他了。今天他又來，看起來為人更加卑劣無知。」在曾國藩看來，假如一個人實幹但缺乏才華，也可以委以重任，讓他在實踐中成長；如果某人有才華，但無實幹精神而誇誇其談，則絕對不能重用，這種人平時難以管理，關鍵時刻往往導致事業的失敗。戰國時期，趙括紙上談兵，導致趙國 40 萬大軍被坑殺，大大削弱趙國的實力，促使趙國早亡；三國時期，蜀國馬謖同樣誇誇其談，理論上頭頭是道，一旦放在實踐中讓其擔當重任，卻在關鍵時刻導致行動的失敗，讓諸葛亮的北伐大計難以成功，自身也差點命喪敵手。曾國藩也諄諄告誡部屬，要遠離誇誇其談者，否則必致失敗。在與太平天國作戰時，曾國藩發現管帶吳國佐自視甚高，自以為可當天下任，不屑於從小事、實事做起，遂寫信肯定他的志存高遠，但同時告誡他「以腳踏實地，事事就平實上用功」。但可惜的是，吳國佐並未把曾國藩的告誡放在心上，

結果導致戰爭失利，曾國藩不得不堅決予以撤換。吳國佐從此再未得到重用，不得不結束軍旅生涯。治國理政如此，管理企業也是如此。

以身作則，身先士卒。

就憑著上司多做、能力強，就可以吸引更多志同道合的下屬？要下屬信任你，還要有具體方法 —— 透過實踐，證明你的方法是對的。與下屬來往，事情該怎麼決定，有 3 個原則：一、同事提出的想法，自己想不清楚時，在這種情況下，要按照人家的想法去做。二、當自己和同事都有看法，分不清誰對誰錯，發生爭執時，採取的辦法是「照他說的做」，但是要把自己的忠告告訴他。最後成功與否，要有個總結，他做對了，表揚他、承認他對，再反思自己當初為什麼要那麼做；他做錯了，他也得說清楚，為什麼當初不照我說的做？我說的話，他為何不認真考慮？第三種情況是，當我把事情想清楚了，我就堅決照我想的做。

在一些組織中，開會遲到是常態，雖有規章制度，但往往難以執行，為什麼？這與最高管理者不能以身作則緊密相關。要求別人做的，自己要先做到；不允許做的，自己堅決不做。正如寫下《管理者的自我管理》的英國著名管理學家帕瑞克所說：「除非你能管理自我，否則你不能管理任何人或任何東西。」

績效是唯一權威

　　組織能夠生存和發展，依靠的是行動的成果，檢驗管理成敗的唯一權威，是績效。管理存在的目的，就是幫助組織獲得績效。績效從何處產生？杜拉克認為，績效不能產生於組織內部，績效只能產生於組織外部，即組織只能因服務於外部社會和其他組織獲得績效，故管理要著眼於如何更大程度上滿足顧客的需求，最大限度地創造績效，而不是內部的控制，也不是成本的節約。因此，管理不是單純的成本控制，是要創造績效；不僅關注當前的績效，且要主動變革，著眼於未來的績效。相當多的管理者，不是沒有主動變革未來的眼光，而是缺乏捨棄現有的勇氣和決心，只關注當前的績效，而沒有為未來績效的產生做好準備。

管理就是「使命＋激勵」

　　管理是一種實踐，這種實踐展現在什麼地方？杜拉克認為，管理的實踐就是圍繞企業的使命去行動，也就是明確界定企業的使命，並透過人，去實現這個使命。這兩者構成的完整過程，就是管理。古語說：「上下同欲者，勝。」「同欲」就是管理者與被管理者具有共同的使命追求，這樣就會產生前行的無窮動力。首先由管理者界定組織的使命，然後

透過有效的溝通，成為企業的共識，再激勵全體員工在行動
中不斷貢獻績效，以實現使命和目標，這就是管理。

使命是組織存在的依據

從詞源上來看，使命就是驅使人們行動的內在命令，也
就是內在堅守的信念、宗旨，是值得為之付出，甚至犧牲生
命去追求的東西。組織的使命就是組織存在的依據，是組織
的生死存亡所繫。具體表現為組織在社會中承擔的責任和任
務，展現組織的根本特質，同時，也為組織目標和策略的
制定提供依據。它不僅回答「組織是什麼？」，而且要回答
「組織為什麼是這樣？」、「將來會怎麼樣？」

使命感和責任感是個人和組織建功立業的強大動力，也
是古往今來能成就偉大事業的個人和組織的共同特徵。一個
沒有使命感和責任感的人，是不可能獲得偉大成就的；一個
沒有使命感和責任感的組織，是不可能長久存在和發展的。

偉大人物之所以偉大，是因為他們有崇高的使命感，在
這種使命感的引領下，一生就有了明確的方向和奮鬥的目
標，就會在各種困難面前勇往直前。

企業的使命在於能夠產生有價值的改變

在杜拉克看來，要清晰地界定組織的使命，就要不斷地

問自己 3 個問題：我們的業務是什麼？我們能貢獻什麼？我們該如何改變人們的生活？這種追問，會讓管理者在管理的實踐中，逐漸清晰地界定出企業的使命，找到業務、貢獻、改變的領域，為長遠發展奠定堅實的基礎。

當其他的管理學家紛紛提出「如何成功」時，杜拉克卻別具一格地提出「我們能貢獻什麼？」「如何在我們的行動中改變人們的生活？」在杜拉克看來，任何一種管理理論，只有當它能應用於實踐，改變人們的生活時，才有價值。這種觀點和看法，源於杜拉克的人生經歷，又對社會產生了深遠的影響。1950 年元旦，在約瑟夫‧熊彼得（Joseph Alois Schumpeter）去世前 8 天，杜拉克的父親帶他去探望他的這位老朋友。在這次見面中，熊彼得對杜拉克父子說：「我現在已經到了這樣的年齡，知道僅僅憑藉自己的書和理論而流芳百世是不夠的，除非能改變人們的生活，否則就沒有任何重大的意義。」這句話成為杜拉克後來衡量自己一生成敗的基本標準，也成為他有別於其他管理學者的重要特徵。他把這句話加以延伸後，應用於企業，認為企業最重要的事，莫過於界定使命，經常地問自己上述問題，才能使企業基業長青。

管理學上的重要著作《基業長青》（*Built to Last*）的作者柯林斯（Jim Collins）在完成這部名作後，第一件事就是驅車到加州的克萊蒙特，去拜訪 85 歲的杜拉克。這次拜訪

徹底改變了柯林斯對生活的看法，留下了終生難忘的印象。柯林斯回憶說，別人都在問我「如何成功？」而杜拉克卻問我「如何貢獻？」別人都在追問我「怎麼做才能讓自己有價值？」杜拉克卻問我「怎麼做才能對別人有價值？」這些振聾發聵的問題，歸結為一句話，就是杜拉克在送別柯林斯時所說的：「把才華應用於實踐之中 —— 才能本身毫無用處。許多有才華的人一生碌碌無為，通常是因為他們把才華本身視為一種結果。走出去，讓自己成為有用的人。」這讓才華橫溢的柯林斯醍醐灌頂，並把杜拉克的話奉為終生踐行的圭臬，這句話也應該成為每名管理者的座右銘。

有了使命，才有堅定前行的信仰和決心。

激勵可以挖掘人的潛能

杜拉克認為，激勵人才是領導者必備的能力。必須學會如何激勵別人，才能發揮領導統率的作用。研究顯示，科學、有效的激勵，能讓員工發揮 70～80％ 的潛能，而在缺乏有效激勵的情況下，人只能發揮 20～30％ 的潛能。能否激勵人才，直接關係到管理者的工作成效。人們常說，用力做能把事做完，用腦做能把事做好，用心做能把事做成。美國心理學家威廉・詹姆斯（William James）研究發現，人類精神最深切的渴求，就是受到讚揚。著名作家馬克・吐溫（Mark Twain）認為，一句精彩的讚辭，可以做 10 天的口糧。

人的潛力是巨大的，需要透過有效的激勵方法進行挖掘，提升每個人的工作積極度、主動性和創造性。

當前，經典的激勵理論主要有 6 種，具體如下所示。

一是需求理論，對人的需求進行分析，透過滿足人的需求，對人進行激勵，其理論主要有 3 種。

第一種，美國人性化管理學家馬斯洛把人的需求分為 5 種。由低到高，依次為生理的、安全的、社交的、尊重的和自我實現需求。生理需求、安全需求是人的基本、低階需求；社交需求、尊重需求和自我實現需求，是高階的需求。低層次的需求主要是從外部得到滿足，而高階需求是從內部讓人得到滿足。人的需求滿足具有層次性，對大多數人來說，只有當較低層次的需求得到滿足後，才會產生高一個層次的需求。只有尚未滿足的需求才能影響人的行為，已滿足的需求無法造成激勵作用。在一定的時間和條件下，人的行為是由主導需求決定的。這啟示管理者，要掌握員工的需求層次，滿足員工不同層次的需求；要了解員工的需求差異，滿足不同員工的需求；掌握員工的主導需求，實施最大限度的激勵。

第二種，美國心理學家麥克利蘭（David McClelland）把需求分為 3 種。他認為，在生理需求的基礎上，主要的需求是友誼需求、權力需求與成就需求這 3 種，其中最重要的是

成就需求，所以他的理論又稱為成就激勵理論（Achievement Motivation Theory）。他認為，具有強烈成就需求的員工，有三大共同特徵：喜歡能夠發揮獨立解決問題能力的工作環境、往往傾向於謹慎地確定有限的成就目標、希望得到他人工作業績的不斷回饋。因此，在激勵工作中，要著眼於培養員工的高成就需求，其方法是：滿足員工獲得有關自己工作情況回饋的需求，以提高他們獲得成功的信心，增加追求成功的欲望；指導員工選擇一種獲得成功的模式，如模仿成功任務的做法；幫助員工根據現實情況提出切實可行的目標，並付諸實施，迎接挑戰，獲取成功。成就激勵理論豐富了馬斯洛的需求層次論，對管理者發現高成就的人及培養下屬的成就需求，是非常有用的。

第三種，管理學家阿特福（Clayton Alderfer）提出的 ERG 理論。他把人的需求歸結為 3 種：生存需求（E）、關係需求（R）、成長需求（G）。他認為這 3 種需求之間存在多樣化的關係，並不都是生來就有的，有些是透過後天的培養而產生的。ERG 理論並沒有超出馬斯洛的需求層次論的範疇。

二是赫茲伯格（Fredrick Herzberg）的雙因素理論（Two-factor Theory）。赫茲伯格發現，通常人們認為，滿意的對立面是不滿意，這種觀點忽略了兩種情況，即滿意的對立面是沒有滿意，而不是不滿意；同樣，不滿意的對立面是沒有不滿意，而不是滿意。由此，赫茲伯格推斷，影響人們

行為的因素主要有兩類：保健因素和激勵因素。保健因素是指那些與人們的不滿情緒相關的因素，與工作環境和條件相關，如企業政策、薪資水準、工作環境、工作保護……等。這類因素處理得不好，會引發工作不滿情緒的產生；處理得好，可預防和消除這種不滿，但它無法造成激勵作用，只能產生維持人的積極度、維持工作現狀的作用。這些因素主要有組織規章制度的監督、公司政策、工作條件、薪資、福利待遇、同事關係、與監督者的關係、與下屬的關係、個人生活、地位、其他保障……等，主要與工作的外部條件相關。激勵因素是能夠促使人們產生工作滿意度的因素，這些因素真正影響和激勵人的行為，與工作本身所具有的內在激勵感連結在一起，是能激勵員工產生工作熱情的因素。它包括工作的成就感、自己的努力獲得承認、工作內容和性質本身、責任感、晉升、個人成長……等。赫茲伯格認為要提升和保持員工的積極度，首先必須具備必要的保健因素，防止員工不滿情緒的產生，但只有如此還不夠，更重要的是要針對激勵因素，努力創造條件，使員工在激勵因素方面得到滿足。

　　三是美國心理學家佛洛姆（Victor Harold Vroom）的期望理論（Expectancy Theory）。他認為，人們行動動機的強弱由兩個因素決定，即個體對這種行為可能帶來的結果的期望值，以及行為結果對行為者的吸引力。換言之，期望理論包括三重關係：

●努力與績效的關係：人們總是透過一定的努力，來實

現既定的目標。

●績效與獎賞的關係：在達到一定績效後，人們總希望得到與之相應的報酬和獎勵。

●獎勵與個人目標的關係：如果工作完成，個體所獲得的潛在結果或獎賞，對個體的重要性程度，與個人的目標和需求相關。個體對透過一定程度的努力而達到工作績效的可能性，存在不一樣的認知。

期望理論可表示為：激勵＝價值評價 × 期望值（M ＝ V×E）

●M 代表激勵力量、工作動力。

●V 代表價值評價、工作態度。也就是某項活動成果所能滿足個人需求的價值大小。

●E 代表期望值、工作信心。指個體根據經驗判斷某項活動導致某一成果的可能性大小，以機率表示。人們對期望值的認知包括兩個環節的主觀判斷因素：一是對努力轉換為工作績效的可能性判斷；另一是個人對工作績效轉換為預期報酬的可能性判斷。

期望理論顯示，激勵是一個從員工需求出發，到員工需求得到滿足為止的過程。員工只有在預期他們的行動會為個人帶來既定的成果，且該成果對個人具有吸引力時，才會被激勵去做某些事情，以達到這個目標；或者說，個人從自身

利益出發，通常傾向於選擇他認為能夠達到他價值評價報酬
結果的績效和努力水準，這為管理者提升員工工作業績而提
供一系列可借鑑的途徑。

　　四是亞當斯（John Stacey Adams）的公平理論（Equity
Theory）。亞當斯發現，員工在自己因工作或做出成績而獲
得報酬後，不僅關心所得報酬的絕對值，還會透過自己相對
於投入的報酬水準與相關他人的比較，來判定其所獲報酬是
否公平或公正。員工會進行兩個層面的比較判斷。首先，把
自己對工作的投入和收穫進行對比；其次，還會把自己的投
入收穫與可參照的投入產出進行對比。投入可能包括努力程
度、教育背景和經驗……等，收穫主要包括報酬、福利、被
認可程度……等。比較的結果有 3 種：大於、小於或等於；
只有等於時，員工才會感到切實的公平感，其行為才會得到
有效激勵。如果人們覺得獲得的報酬不適當，他們就會產生
不滿，進而降低投入、非法獲取收益，甚至直接離職。實際
上，員工往往會過高猜想自己的投入和他人的收入，而過低
猜想自己的收入和他人的投入，帶有很強的主觀色彩。這種
理論警示管理者，如果忽視員工心理上的不平衡，勢必影響
員工的績效，從而影響組織目標的實現。因此，管理者必須
敏銳地觀察員工不公平感的產生和發展，透過公正的待遇設
計、有效的溝通、目標設定、績效考核……等，來消除員工
的不公平感。

　　五是史金納（Burrhus Frederic Skinner）的增強理論（Re-inforcement Theory）。美國心理學家史金納認為，人的行為是對其所獲刺激的反應，當刺激對他是有利的，他的行為就會重複出現；若刺激對他不利，他的行為就可能減弱。增強的具體方式有以下 4 種：

　　（1）正增強：獎勵那些符合組織目標的行為，以便使這些行為得以進一步加強，並重複出現。科學、有效的正增強方法，是維持強化的間斷性，強化的時間和數量也盡量不要固定，管理人員根據組織需求和員工行為狀況，不定期、不定量地實施強化。

　　（2）懲罰：當員工出現不符合組織目標的行為時，採取懲罰的方法，可以迫使行為少發生或不再發生。

　　（3）負增強：這是一種事前的規避。透過對不符合組織目標的行為及其處罰規定進行確立，對員工形成約束力。規定本身並不一定就是負增強，只有當其讓員工對自己的行為形成約束，即「規避」作用時，才成為負增強。

　　（4）忽視：對已經出現的不符合要求的行為「冷處理」，達到「無為而治」的效果。

　　增強理論告訴管理者：影響和改變員工的行為，應將重點放在積極的增強上，而不是簡單的懲罰上。負增強和忽視的作用也不能輕視；4 種方式應配合使用，要針對強化對象

的不同需求採取不同的強化措施；小步伐前進，分階段設立
目標，及時給予強化，及時回饋。

六是波特（Lyman Porter）和勞勒（Edward Lawler）的期
望激勵模型。這兩位管理學家延伸基本期望理論的模型，來
探求影響員工工作績效和滿意的因素。滿意與其說是工作績
效的原因，不如說是工作績效的結果，也就是說，工作績效
能讓人感到滿意。不同的績效決定不同的報酬，不同的報酬
又在員工中產生不同的滿意程度，從而以非傳統的方式來確
定激勵、滿足和績效這 3 個概念間的關係。其流程如下所述：

（1）報酬的價值：也就是每個人都希望從工作中得到數量
不等的各種報酬 —— 同事們的友誼、晉升、因業績而增加的
薪資、成就感……等，它反映個人需求的滿足程度。一個飢餓
的人（有生理需求）會比一個剛吃飽的人認為食物更有價值。

（2）感知的努力與報酬的關係：感知的努力和報酬關係
是指一個人希望付出一定數量的能力和其所能導致一定數量
的報酬之間的關係。努力是指在某種情況下花費一定數量的
精力，也就是這個人是如何盡力而為的，而不是完成任務
的成功程度。根據波特和勞勒的觀點，努力或激勵並不直接
影響績效，而要經過個人能力及對自己任務認知的調節來影
響績效。能力和特質的影響指人的智力、技巧和品行……等
個人特點，這些都影響完成任務的能力，與對任務的態度相

關。如果管理人員能向上司證明自己精通業務，那麼他提高自己專業能力的努力就不會浪費；如果公司的高層管理人員認為提拔下屬的主要標準是有豐富的行政管理能力，那麼努力提高專業技術的管理人員所從事的活動就不會導致晉升。

（3）績效與報酬：將報酬的價值評價和對努力與報酬間關係的感知結合起來，就產生了對績效的期望。績效在付出努力（激勵）之後才產生。績效不僅取決於人們努力的大小，還取決於他們的能力以及對任務的了解。或者說，員工即便非常努力，可能因為能力有限或對在組織中獲得成功的必要方法猜想失誤，最終獲得的績效很低。希望獲得的成果就是報酬，波特和勞勒在獲得績效後，對員工的報酬劃分為外在和內在報酬兩部分：外在報酬包括上下級關係、工作條件、薪水、地位、工作保障以及額外的福利……等這些與工作相關的報酬，是組織給予的；內在報酬包括成就感、因工作成功的自我認可、工作本身、責任和個人成長……等。實驗證明，內在和外在的報酬都是人們所希望得到的，也有研究顯示，內在報酬比外在報酬產生較高的工作滿意的可能性要大得多。

（4）感覺到公平報酬與滿意：人們認為某種程度的績效應得的報酬數量，就是他們感覺到的公平報酬。大多數職業都沒有明文規定按照要求、標準完成任務的人應得的報酬數量，關於報酬的觀念，建立在個人對工作要求的感受、工作

對個人的要求以及個人對公司所作貢獻的基礎上，實質上這些觀念反映了個人認為某一特定工作獲得優秀績效後，理應獲得的公平報酬。

同時，員工的滿意是一種態度、一種個人的內心狀態。當人們認為應得的報酬超過實際得到的報酬時，就會產生不滿意感。滿意因兩個原因而變得重要：①如波特 – 勞勒的期望激勵模型所表示的那樣，滿意只是部分取決於實際獲得的報酬；②滿意對績效的依賴高於績效對滿意的依賴，滿意只有透過回饋的迴路，才能影響績效。

波特 – 勞勒模型對管理具有重要的啟示意義：

（1）管理者應找出每位員工認為什麼成果有價值：管理者必須明白，人們想要的成果是會有變化的，有效率的管理人員能夠正確地判斷這些變化，而不認為所有員工都是相似的。

（2）管理者必須決定什麼是他們要員工做出的績效，以及讓員工確信這樣的績效目標可以達到：為了激勵他人，管理者必須決定他們要求什麼樣的績效，他們必須確立什麼是「優秀績效」和「適當績效」，使之具有可見性和可衡量性，以便下屬能明白管理人員希望他們做什麼。同時，管理者應透過仔細的溝通，讓員工們確信要求達到的績效水準是可以達成的。企業設定的績效，必須在個人認為他們可能達成的

範圍內，如果員工認為獲得報酬的必要績效超過他們可能達到的程度，那麼工作激勵強度就會很低。

（3）管理者必須把員工們希望得到的成果和管理者所希望的特定績效直接連結：如果員工已經達到期望的績效水準，且他期望獲得晉升，那麼管理者應盡力讓他得到晉升，讓員工清楚地知道這種案例。如果產生了高的激勵，報酬過程也應在一個相當短的時間內發揮作用，這一點是極其重要的。只有當員工明白兩者的關係，他們才會受到激勵。管理者經常誤解下屬的行為，因為他們傾向於依賴自己對環境的感覺，而忘記下屬的感覺。

（4）管理者應清楚多大的成果或報酬的變化，足以激勵那些有效的行為：不重要的報酬只能引起最小程度的努力，且隨之僅有很少的績效產生，報酬必須大到足以激勵個人竭盡全力，以使績效產生顯著的變化。

杜拉克在上述激勵理論的基礎上，提出自己關於激勵的獨特觀點：

一是他提升了對激勵重要性的了解，把激勵視為管理的本質要素之一。

二是他提出了管理者合理運用獎懲制度的實用原則。這些實用原則包括：

●時刻保持公正 —— 公正地評價員工；

●謹慎決策 —— 做獎懲決策時要謹慎思考；

●注意針對性 —— 獎懲有明確的針對目標；

●不要過度強調物質性的獎懲 —— 在大幅提高業績時才有用，平時應少用。

三是他看到了濫用物質獎勵的負面影響。他認為，管理者必須真正降低物質獎勵的必要性，而不是把它們當做誘餌。如果物質獎勵只在大幅提高的情況下才會產生激勵效果，那麼採用物質獎勵就會適得其反；物質獎勵的大幅增加，雖然可以獲得所期待的激勵效果，但付出的代價實在太大，以致於超過激勵所帶來的回報。

美國奇異公司（General Electric Company）是世界上偉大的公司之一，在長期的發展過程中，形成了獨具特色的激勵機制和準則。為使激勵制度更能提升員工工作的積極度、績效更出色，公司只獎勵那些完成高難度工作指標的員工。獎勵的最終目的是鼓勵他們在未來的工作中更為出色，把獎勵與績效表現直接連結，物質獎勵占被獎勵者基本薪資的10%，從而形成了五大獎勵準則：

準則一：不要把報酬與權力綁在一起。

準則二：讓員工們更清楚地理解獎勵制度。

準則三：廣泛宣傳獲獎員工。

準則四：不能想獎什麼就獎什麼，適當嘗試一些不用金

錢的激勵方法。

準則五：不要凡事都予以獎勵。

管理是真正的綜合藝術

杜拉克是現代管理學科的建立者，被稱為「現代管理學之父」，他認為管理學科是把管理視為一門真正的綜合藝術。

管理學科的建立者

杜拉克在一生中貫徹「管理的本質是實踐」的思想，拒絕對管理作學術化的研究，拒絕建構各種數學模型，自認為是現代管理學科的建立者。在現代管理的發展史中，人們一般把他的管理思想稱為管理經驗學派，管理經驗學派主要從管理者的實際管理經驗方面來研究管理，認為成功的組織管理經驗是最值得借鑑的。管理知識的獲取重點，在於分析諸多組織管理人員的經驗（包括成功的經驗和失敗的教訓），對此加以概括，找出它們之中具有的共通特性，然後使其系統化、理論化，並據此向管理人員提供實際的建議。杜拉克認為，管理從業者必須參與、實踐，在 1946 年出版《公司的概念》（*Concept of the Corporation*）之前，他曾經在通用汽車（General Motors）工作和觀察了兩年。在寫作之前，杜

拉克通常會深入企業進行深入研究和觀察，並對事務諮詢過程中發現的典型問題加以總結、概括。1971 年，杜拉克到洛杉磯的加州克萊蒙特研究大學為企業高層管理人員培訓班授課，其風格在授課當中表露無遺。

一是大量的案例教學。由教師事前開發、建立案例庫，根據學員的工作性質和需求情況選擇系列案例。在課堂教學中，由教師把這些案例的背景資料提供給學生，學生根據案例中的背景和問題，思考後展開討論，分析問題的原因，提出解決的辦法，質疑對方的觀點，在討論、辯論中完善觀點。教師在整個過程中進行引導，最後進行總結。透過這樣的學習方式，在 3 年的學習過程中，共組織、進行了 200 ～ 300 個案例的討論，基本上涵蓋了管理中可能遇到的各種問題，將來在實際的管理過程中，一旦遇到類似問題，就可以立即進行推斷，並找出問題產生的原因和解決的辦法。這種教學方式，相當於管理實戰前的演練，不需要高深的管理知識，但具有非常顯著的實踐效果。

二是在知識的學習上，強調管理學科是一門綜合的人文學科，不僅要學習經濟和管理，還必須學習歷史、社會學、法律和自然科學……等。因為，在杜拉克看來，管理不應該只是一些技能的訓練，而是一個對人類、社會和企業的整體認知，管理不只理論和學術研究，還必須用來解決社會和企業需要解決的問題。

　　杜拉克的管理思想和經歷，不是正統的管理學院派，但他的研究涵蓋了管理學、政治學和社會學等諸多範疇。他在談到自己的職業時，說：「寫作是我的職業，諮詢是我的實驗室。」他一生寫了 40 本書，僅從 85 ～ 95 歲這 10 年中，就出版了 10 本著作。如果有人問他最滿意的是哪一本，他會笑笑說：「下一本。」他一生都保持著年輕的頭腦，著名雜誌《富比士》（Forbes）在 2002 年的封面文章中，稱杜拉克「依然是我們這個時代最年輕的頭腦」，這使得他的作品具有寬廣的視野和恆久的穿透力。

　　杜拉克的思想在管理理論的叢林中，被人稱為管理經驗學派，他也被譽為「現代管理之父」。他的思想觸角延伸到管理學的各個層面，現代管理中的許多概念、理論都是他首先提出來的，如行銷、目標管理和知識工作者……等。行銷大師菲利普‧科特勒（Philip Kotler）說：「如果人們說我是行銷管理之父，那麼杜拉克就是行銷管理的祖父。」

　　杜拉克的思想贏得許多優秀企業家的高度認同，成為他們踐行的基本準則。英特爾（Intel）的創始人葛洛夫（Andrew Grove）高度評價說：「彼得‧杜拉克是我心中的英雄，他的著作和思想如此清晰有力，在那些狂熱追求時髦思想的管理學術販子中獨樹一幟。」奇異前總裁傑克‧威爾許（Jack Welch）將其在管理中的成功歸因於杜拉克，認為「數一數二」的原則便來自彼得‧杜拉克。

管理的最大特徵是綜合性

杜拉克認為，管理是一門綜合學科，最重要的是掌握管理的綜合性。綜合性具有豐富的內涵，強調管理需要多學科知識和技能的綜合，以應對複雜的管理活動。身為管理者，僅掌握一方面的知識是遠遠不夠的，只有具備廣博的知識，才能對各種管理問題應付自如。

以企業為例，廠長、經理要處理有關生產、銷售、策劃和組織等問題，他就要了解或熟悉工藝、預測方法、策劃方法和授權的影響因素……等，這包括工藝學、統計學、數學、政治學、經濟學等內容；而最主要的，廠長要處理企業中與人相關的各種問題，如勞動力的配置、薪資、獎勵、提升人的積極度和協調各部門之間的關係等。這些問題的解決又有賴於心理學、人類學、社會學、生理學、倫理學等學科的知識和方法。機關、醫院、學校等組織的管理活動，也有類似的情況。管理活動的複雜性、多樣性，決定了管理學內容的綜合性，管理學就是一門綜合性的學科，它不分門別類，針對管理實踐中所存在的各種活動，在人類已有的知識寶庫中廣泛蒐集對自己有用的東西，並加以拓展，以便更好地指導人們的管理實踐。

管理的綜合性，還在於綜合科學與藝術的特點。管理是一門科學，因為它具有科學的特點。

　　一是管理學研究的是各種組織的管理活動，它從客觀實際出發，揭示管理活動的各種規律。這些規律是客觀存在的，只有遵循這些規律，管理活動才能收到預期的效果；違反這些規律，則必然受到懲罰。

　　二是理論的體系性。管理活動中形成了一整套理論，這是透過對大量實踐經驗進行概括和總結而完成的，它的許多原則，都是經過實踐的反覆檢驗才抽象出來的。因此，管理學是對客觀事物及其規律的真實反映，管理學的豐富內容相互間有緊密的關係，從而形成一個合乎邏輯的體系。

　　三是權變性和發展性。管理學知識的運用一定要結合實際，絕不能照抄、照搬，照書本上的和別人的經驗，最終都會失敗。在現實中，很多企業家都想學習、模仿優秀企業家的管理方法，但往往事與願違，最終都必須走自己的路，結合實際去運用。在運用中，體會管理的規律和法則，發展完善管理理論，這樣才能更有效地指導實踐。

　　同時，杜拉克還認為管理學是一門藝術。這是因為藝術的含義是指能夠熟練地運用知識，且透過巧妙的技能來達到某種效果，而有效的管理活動正需要如此。真正掌握管理學知識的人，應該能熟練地、靈活地把這些知識應用於實踐，並能根據自己的體會不斷創新，這一點與其他學科不同。在管理學領域，即使背熟所有管理原則，也不一定能有效地管理，重要的是培養靈活運用管理知識的技能，這種技能在課

堂上是很難培養的,需要在實際管理工作中掌握。管理的科學性與藝術性並不相互排斥,而是相互補充,所以,管理是科學性與藝術性的統一。

管理絕不是一門精確學科

早在 1954 年出版的《管理的實踐》(*The Practice of Management*)一書中,杜拉克就斬釘截鐵地說:「管理絕不能成為一門精確的學科。」不能像數學一樣精確化,不能依靠大量的數據和模型進行管理。在他的著作中,再也沒有所謂「管理模型」和「數據分析」,取而代之的是鮮明的觀點、振聾發聵的卓見、直指人心的故事,風格簡明、清晰有力,充滿智慧的魅力。這與現代管理學中的數理學派,形成鮮明的對比。

數量管理學派強調數據和模型的建構,以求得管理的程式化和最優化,並能將電腦應用於企業的管理理論和方法體系下,認為只要給出足夠的條件或函數關係,按一定的法則進行演算,就能得到確定的結果。

杜拉克認為,管理絕不能這樣,因為在已知條件完全相同的情況下,有可能產生截然相反的結果。用管理學的術語來解釋這種現象,就是在投入的資源完全相同的情況下,其產出卻可能不同。比如兩家企業,已知其生產條件、人員素

養和領導方式完全相同，他們的經營效果可能相差甚遠，為什麼會出現這種現象呢？這是因為影響管理效果的因素太多了，許多因素是無法完全預知的，如國家方針、政策和法令，以及自然環境的突然變化，或其他企業的經營決策……等，這種無法預知的因素，被稱為「本性狀態」。正是由於「本性狀態」的存在，才造成管理結果的多樣性。實際上，所謂「兩家企業的投入完全相同」這句話，本身就是不精確的，因為「投入」不可能完全相同，即使表面上數量、品質、種類完全相同，人的心理因素也不可能完全相同。管理主要是與人發生關係、對人進行管理，那麼人的心理因素就必然是一種不可忽略的因素。而人的心理因素是難以精確測量的，它是一種模糊量，諸如人的思想、感情、個性、作風、士氣以及人際關係、領導方式、組織文化……等，都是管理學的研究對象，又都是模糊變數。在這種複雜情況下，就很難找出更有效的定量方法使管理本身精確化，而只能藉助定性的方法，或利用統計學的原理來研究管理。因此，管理學絕不可能是一門精確的學科。

杜拉克關於管理學不是精確學科的認知，在剛提出來時並不被認可，所謂主流的管理學者認為，杜拉克的方法不符合科學的「學術規範」，沒有「模型」和「論證」，很難說是一門學科，在學術研究中很難引起人們的關注。杜拉克本人對此有清楚的認知：「為了控制學界，美國政府只向那些

用數學公式寫作的研究人員提供研究資金，自己這類深入實踐的學者，被拒之門外便順理成章了。」但管理學的歷史，最終牢牢記住了杜拉克的名字。如今，有人生動地說：「一提起杜拉克的名字，管理的叢林中就會豎起無數雙耳朵。」2002 年 6 月 22 日，美國時任總統喬治‧W‧布希（George Walker Bush）宣布彼得‧杜拉克成為當年的「總統自由勳章」得主，這是美國公民所能獲得的最高榮譽。

第 2 章　管理的歷程

「20 世紀，製造行業的體力工作者的生產率成長了 50 倍，這是管理做出的最重要貢獻，實際上也是真正獨一無二的貢獻。」

「第一個深入了解他（她）們，即身為一名體力工作者，然後對體力工作進行研究的，是泰勒（Frederick Winslow Taylor）。」

「儘管泰勒有許多缺點，但他的影響力是其他美國人所無法比擬的，包括亨利·福特（Henry Ford）。『科學管理』（及其替代者『工業工程』）成為一種風靡全世界的美國哲學體系，其影響力甚至超過美國《憲法》和《聯邦黨人文集》。」

「21 世紀，管理需求做出的最重要貢獻與 20 世紀的貢獻類似，它要提高知識工作和知識工作者的生產率。」

「在 21 世紀的管理挑戰中，知識工作者的生產率是最大的挑戰。」

「從現在起 50 年內，在提高知識工作者的生產率方面，採取最具系統化的措施，且做得最成功的國家和行業，將躋身世界經濟的前列。」

「關於知識工作者的生產率研究才剛剛起步。在研究知識工作者的生產率方面，我們在 2000 年獲得的成就，大概只相當於一個世紀以前，即 1900 年，人們在研究體力工作者的

生產率方面所獲得的成就。」

「在知識經濟中,成功屬於那些善於自我管理的人。」

杜拉克對科學管理理論產生 100 多年以來的管理歷程,給出清晰的線索,即以管理對象的變化為依據,管理的發展歷程經歷了從對體力工作者以提高工作生產率為核心的管理,轉變到對知識工作者以提高工作成效為核心的管理。

科學管理是一場革命

20 世紀初,隨著科學與工業的高度融合,科學管理理論開始產生和發展。1911 年美國管理學家泰勒所著的《科學管理原理》(*The Principles of Scientific Management*)一書出版,象徵科學管理理論的誕生。這本書想說明管理的核心如何提高生產效率,因為此時,產品對外部市場供不應求,管理對象是體力工作者,這就說明管理中的外部環境是確定的,目標和成果是容易量化與衡量的,這種效果,就可以透過高效率展現出來,效率就成為第一位因素。

泰勒科學管理的歷史貢獻

杜拉克強調卓有成效,但並不否認效率的作用,相反,他對於極度強調效率的科學管理之父泰勒的評價之高,超出

管理思想史上的任何一位管理學家。

在杜拉克看來，20 世紀製造行業的勞動生產率成長了 50 倍，沒有這個成就，整個社會和經濟獲得的進步就不可能實現。從歷史的回顧來看，泰勒的科學管理理論產生以來，以此為基礎的生產線，迅速擴展到整個美國。泰勒的任務分析和工業工程理論，延伸到體力勞動的整個流程之中。這個理論在亨利・福特的流水生產線上，得到了成功的應用，從而促使福特汽車公司在短時期內創造了奇蹟。於是，這套理論開始從美國向世界各地傳播，日本、德國等國都受益於此。在第二次世界大戰期間，由於美國在各個行業全面推廣泰勒的科學管理理論，廣泛採用基於培訓的科學管理法，使美國普通工人的勞動生產率，大大高於世界其他國家的二至三倍，為贏得戰爭奠定物質和人力基礎。

杜拉克認為，整個 20 世紀，採用各種方法提升體力工作者生產力的許多嘗試，都以泰勒的理論為基礎，儘管他們可能並不承認，並採用不同的名稱。

一句話，泰勒科學管理理論的影響無與倫比，在整個 20 世紀的管理方法中，都可以看到泰勒的影子。無論人們是否承認，泰勒的理論促成了今天所謂已開發經濟體的存在。在未開發或新興經濟體中，體力工作者的生產率並沒有得到充分的發揮，其管理的程度和理念，還未達到泰勒的水準，

因此在這些國家和地區中，人們並不承認、甚至反對和抵制泰勒的管理理論。在美國、英國、日本、德國等國，泰勒的管理理論產生深遠的影響。在管理學界，100多年來，許多人發明很多管理理論和方法，儘管他們聲稱他們的方法不同於泰勒的方法，但正如杜拉克所言：「即使是效果最小的方法，也是以泰勒的理論為基礎的。」如全面品質管理理論的提出者戴明（William Edwards Deming），他所做的就是嚴格按照泰勒的方法分析和組織，這也是全面品質管理的精髓所在。「戴明的品質控制分析法與泰勒的效率專家法簡直一模一樣，而且具有相同的作用。」

科學管理的內容與實質

泰勒所處的時代是19世紀末期，他從一個小機械廠的學徒做起，後轉入費城密德威爾鋼鐵廠（Midvale Steel Works）當機械工人，由於工作努力、表現突出，一路晉升，從工廠管理員、小組長、廠長、技師、製圖主任，直至總工程師。泰勒從基層到高層的工作經歷，讓他有充分的機會直接了解工人的問題和態度，也充分意識到工作過程中的種種問題。這些問題中最嚴重、最讓人無法忍受又難以理解的，是工人的「磨洋工」現象，這種現象導致生產效率低下。雖然有些工廠已經採用按件計酬制，有些甚至採用利潤分配制度，但對於提高工人勞動生產率無明顯效果，是什麼原因造成的

呢？從理論上來看，工人不可能不希望獲得更高的薪資，但為什麼工人不願意多做事呢？

　　泰勒透過分析認為，勞資雙方在觀念上存在重大失誤，雙方都忽視勞動生產率，而過度關心薪資和利潤之間的分配。對資本家而言，他們會在工人努力做事後，提高工作量的定額，造成工人因產量的提高，而導致部門產量薪資的降低；工人也深知這一點，只把工作量維持在不被解僱的程度，而不會努力提高勞動率，這麼做，既可以避免付出更多的勞動，同時又可以為其他工人創造更多就業機會。泰勒相信，雙方產生的這個失誤，可以運用科學方法來提高勞動生產率，獲得較高薪資和較高利潤，促使勞資雙方達到利益的一致。

　　泰勒在《科學管理原理》的前言中，開宗明義地指出寫作的目的有 3 個方面：

　　第一，透過一系列簡明的例證，證明由於我們幾乎所有日常行為效率低下，而使全美國遭受巨大損失；

　　第二，試圖說明根治效率低下的良藥在於系統化的管理，而不在於蒐羅某些獨特的或非同尋常的人物；

　　第三，證明最先進的管理是真正的科學，說明其理論基礎是確立定義的規律、準則和原則，並進一步說明，可把科學管理原理應用於幾乎所有人類活動中。

這些東西不正是今天我們想要的東西嗎？當我們強調細節決定成敗、執行力問題時，本身就包含了對工作分析和研究的亟需。當我們強調發動每個人的主角精神、上下一心、通力合作時，也就強調了用科學方法研究管理工作，將「蛋糕」做大，從而能共同獲益，而不是傳統認為「泰勒的科學管理只不過是資本家剝削工人的更有效工具」。「科學管理堅信：雇主與員工的真正利益是一致的；除非實現了員工的財富最大化，否則不可能永久實現雇主的財富最大化，反之亦然；同時滿足工人的高薪酬這個最大需求和雇主的低產品工時成本這個目標是可能的。」

什麼是科學管理？泰勒說：「各種要素 —— 不是個別要素的結合 —— 構成了科學管理，它可以概括如下：科學，不是單憑經驗的方法；協調，不是不和別人合作，不是個人主義；最高的產量，取代有限的產量；發揮每個人最高的效率，實現最大的富裕。」這個定義，既闡明科學管理的真正內涵，又綜合反映泰勒的科學管理思想。

科學管理的中心問題是提高勞動生產率。如何提高勞動生產率？泰勒認為關鍵在於透過管理，把人的能力和動力充分發揮出來。

泰勒認為，要提高人的能力，需要做到四點：

一是挑選「第一流工人」；

二是合適配置。基本原則是讓工人的能力與工作相配合，企業管理者的責任在於為員工找到最合適的工作，做到人盡其才；

三是開展培訓；

四是研究提高效率的方法，這些方法包括工作標準化、工時研究和動作研究。

泰勒認為，科學管理的重要措施就是實行工具標準化、操作標準化、動作標準化、工作環境標準化等標準化管理。只有實行標準化，才能讓工人使用更有效的工具，採用更有效的工作方法，從而達到提高生產率的目的。同時，要對工人操作的每一個動作進行科學研究，以形成標準的作業方法。在動作分解與作業分析的基礎上，進一步觀察和分析工人完成每項動作所需要的時間，為標準作業的方法制定標準作業時間。

泰勒認為，原有的薪資制度存在嚴重的缺陷，薪資的標準是以職務和職位為依據，這就產生兩大消極後果：一方面是同一職務和職位上的人產生平均主義，另一方面則打擊了其他努力工作者的積極度。他說：「就算最有上進心的工人，不久也會發現，努力工作對他沒有好處，最好的辦法是盡量減少工作，而仍能維持他的地位。」這就不可避免地把大家的工作拖到中等以下的水準。泰勒發現，傳統按件計酬制使

工人在一定範圍內可以多做多得，但工人很快就會發現，當他們普遍都提高生產率後，資本家就會提高工作標準、降低薪資率。因此，工人會控制工作速度，讓他們的收入不超過某一個薪資率，因為工人知道，一旦工作速度超過這個數量，按件計酬的薪資遲早會降低。

泰勒在仔細研究這種工人「磨洋工」的情況後，強調要在工時和動作研究的基礎上，制定出有科學依據的工人「合理日工作量」，實行工作定額。依據工作結果與工作定額的關係，讓工人的貢獻大小與報酬高低緊密連結，實行差別按件計酬制，以此提升工人的工作積極度，其主要內容有以下幾個方面：

一是設立專門制定定額的部門，其主要任務是透過對計件和工時的研究，進行科學的測量和計算，以確定合理的工作定額和恰當的薪資率，改變過去那種以猜想和經驗為依據的定額方法。

二是薪資支付的對象是工人，不是職位和職務。對每個人在出勤率、誠實、速度、技能及準確程度等方面，做出系統而詳細的記錄，再根據這些紀錄，不斷調整薪資水準。

三是制定差別薪資率，按照工人是否完成定額而採用不同的薪資率。如果工人能夠維持品質、完成定額，就按照高的薪資率付酬，以資鼓勵；如果工人的生產沒有達到定額，

就將全部工作量按照低的薪資率給付，並給予警告，如不改進就會被解僱。

泰勒的差別按件計酬制能更加公平地對待工人，真正實現多做多得，有利於充分發揮個人積極度，有利於提高工作生產率，能夠真正實現「高薪資和低工作成本」。同時這種制度能夠迅速清除所有不佳的工人，吸收適合的工人來工作。因為只有真正好的工人，才能做到又快又準確，可以獲得高薪資率。泰勒認為，這是實行差別按件計酬制最大的優點。他說：「制度（差別按件計酬制）對工人士氣影響的效果是顯著的。當工人們感覺受到公正的待遇時，就會更加英勇、更加坦率和更加誠實，他們會更加愉快地工作，在工人之間和工人與雇主之間，建立互相幫助的關係。」

一個既有能力又有動力的工人，才是第一流的工人。泰勒說：「我認為那些能夠工作而不想工作的人，不能成為我所說的『第一流工人』。我曾試圖闡明每一種類型的工人都能找到某些工作，使他成為第一流的工人，除了那些完全能做這些工作而不願做的人。」

有了第一流的工人，才能為提高工作生產率奠定堅實的基礎，但要提高生產率還必須充分發揮管理者的功用。

泰勒主張「由資方照科學規律去做事，要均分資方和工人之間的工作與職責」，要把策劃職能與執行職能分開，並

在企業設立專門的機構，把管理職能與執行職能分開，設定專門的管理部門。「均分資方和工人之間的工作和職責」，實際上就是讓資方承擔管理職責，讓工人承擔執行職責，這就把管理者與被管理者承擔不同職能、任務劃分開來，由管理者專門承擔管理的任務和職責。

泰勒認為：「管理人員的責任，一方面是仔細地研究每個工人的性格、脾氣和工作表現，找出他們的能力；另一方面，更重要的是發現每個工人向前發展的可能性，並逐步、系統地訓練，幫助和指導每個人，為他們提供上進的機會。這樣，使工人在受僱的公司裡，能擔任最高、最有興趣、最有利、最適合他能力的工作。這種科學選擇與培訓工人的方式，並不是一次性的行動，而是每年都要進行的，是管理人員要不斷加以探討的課題。」

泰勒進一步指出，管理人員的另一個重要責任，是把工人長期實踐累積的大量經驗知識、技能和訣竅集中起來、記錄下來，編成表格，然後將它們概括為規律和守則，甚至可以概括為數學公式，然後將這些規律、守則、公式在全廠實行。

基層管理者需要相當的專門知識和各種天賦才能，只有本來就具有非常高素養並受過專業訓練的人，才能勝任。泰勒列舉了在傳統組織下，身為廠長應具有的幾種素養，即教

育、專門知識或技術知識、機智、充沛的精力、毅力、誠實、判斷力或常識、良好的健康情況……等，但每一個廠長不可能同時具備這 9 種素養，為了事先規劃好工人的全部作業流程，必須使指導工人做事的廠長具有特殊的素養。因此，為了讓廠長職能有效地發揮，就要進行更進一步的細分，讓每個廠長只承擔一種管理職能。如果管理人員的職責單一，培訓花費的時間就少，有利於發揮每個人的專長，容易提高效率。

高層管理人員把一般日常事務授權給下屬管理人員，自己保留對例外事項（也是重要事項）的決策權和控制權，如重大的企業策略問題和重要的人員更替問題……等，這就是管理中的例外原則。泰勒認為，規模較大的企業，不能只依據職能原則來組織和管理，必須應用例外原則。泰勒在《工廠管理》一書中指出：「經理只接受有關超常規或標準的所有例外情況、特別好和特別壞的例外情況、概括性的、壓縮的及比較的報告，以便讓他有時間考量大方針，並研究他手下重要人員的性格和合適性。」這種以例外原則為依據的管理控制方式，後來發展為管理上的授權原則、分權化原則和實行事業部制等管理體制。

泰勒認為，提高工作生產率只是技能性的，還不是管理中最重要的，管理中最重要的是勞資雙方實行「一次完全的思想革命」和「觀念上的偉大轉變」。泰勒在《在美國國會

的證詞》中指出：「科學管理不是任何一種效率措施，不是一種獲得效率的措施，也不是一批或一組獲得效率的措施；它不是一種新的成本核算制度；它不是一種新的薪資制度；它不是一種按件計酬制度；它不是一種分紅制度；它不是一種獎金制度；它不是一種報酬工人的方式；它不是時間研究；它不是動作研究……我相信它們，但我強調這些措施都不是科學管理，它們是科學管理的有用附件，因而也是其他管理的有用附件。」

泰勒認為：「科學管理的實質包含要求在任何一個具體機構或工業中工作的工人，進行一場全面的心理革命——要求他們在對待工作、同伴和雇主的義務上，進行一種全面的心理革命。此外，科學管理也要求管理部門的人——廠長、監工、企業所有人、董事會進行一場全面的心理革命，要求他們在對管理部門的同事、對工人和所有日常問題的責任上，進行一場全面的心理革命。沒有雙方的這種全面心理革命，科學管理就無法存在。」

「在科學管理中，勞資雙方在思想上要發生的大革命就是：雙方不再把注意力放在盈餘分配上，不再把盈餘分配視為最重要的事情，他們將注意力轉向增加盈餘的數量上，使盈餘增加到讓如何分配盈餘的爭論成為不必要。他們將會明白，當他們停止互相對抗，轉為向同個方面並肩前進時，他們共同努力所創造出來的盈利，會大得驚人。他們會懂得，

當他們用友誼合作、互相幫助來代替敵對情緒時，透過共同努力，就能創造出比過去大得多的盈餘。」

因此，泰勒在《科學管理原理》一書中指出：「資方和工人的緊密、親切和個人之間的合作，是現代科學或責任管理的精髓。」他認為，沒有勞資雙方的密切合作，任何科學管理的制度和方法都難以實施，難以發揮作用。

從中我們可以看出，所謂科學管理，實質是整合組織中資方與勞方的目標，形成組織的共同目標，建立合作共贏的體制與文化。直到今天，這些思想還被管理界奉為圭臬。

事實上，今天的人們意識到科學管理只是研究工作時間、差別按件計酬制等工具和方法，具體包括工作定額原理、挑選和培訓一流工人、標準化原理、按件計酬制、管理職能和執行職能分開、管理的例外原則⋯⋯等。這是為什麼？因為這些被明確寫進教科書中，為人們所學習、熟知。其實在有些教科書中也提到泰勒科學管理遠不止管理工具、管理方法，還包含對組織管理的創新研究，以及對管理哲學的重大貢獻，可惜的是，這些實質性的、更富有意義的東西，卻被大家遺忘在一旁。

事實上，思想的產生都有其時代背景，思想能夠被人們廣泛接受和認可，也有其內在的合理性。以後的發展與變革，是建立在以前充分發展的基礎上，雖然新的理論和思想

出現了，但並不完全拋棄以前的合理思想，反而是對以前合理思想的充分借鑑和吸收，是把以前的思想融進新的理論形態中。效率與效果的關係同樣如此，管理的早期階段重視效率，是因為效果是不言而喻的；今天，我們重視效果，也是以效率為前提的。試想，如果企業管理的效率很差，怎能產生好的效果呢？高效率不一定卓有成效，卓有成效一定以高效率為前提。高效率融入卓有成效的管理中，成為卓有成效管理的一個前提因素、一個重要支柱；強調卓有成效不是忽視高效率，高效率是卓有成效的前提。

如果說，今天的各種管理理論中，我們可以清晰地看見杜拉克管理思想的影子，那麼在杜拉克的管理思想中，我們也可以發現泰勒管理思想的影子。其實，在杜拉克看來，泰勒管理思想的影響遠不止如此，在 20 世紀，泰勒的管理思想對企業、組織、經濟、軍事、社會的影響，是「真正獨一無二的貢獻」。

對知識工作者的管理是當代管理的最大挑戰

第二次世界大戰後，由於外部市場供過於求，競爭空前劇烈，促使企業改善裝置、改進技術來提升工作生產率，使知識工作者逐漸取代體力工作者，成為被管理者中的主力。

環境和管理對象的劇變，要求管理理論必須適應這個變化的趨勢。以杜拉克為代表的管理學家，以他們天才的敏銳度和卓越的創造性，感受到這種管理發展的大趨勢，提出管理者的工作必須卓有成效，效果是壓倒一切的首要因素，效果統率效率，效果是企業管理的方向、目標、目的、使命，是企業和個人發展生死存亡的大事，效率服務於效果。

杜拉克的偉大在於他敏銳地發現和掌握時代的變遷對管理的影響，其中最大的變遷，莫過於知識工作者的出現。杜拉克是提出知識工作者概念的第一人，被譽為「知識工作者」管理之父。身為「知識工作者」管理領域的先驅，杜拉克在這方面的管理思想，無疑具有開拓性的意義。

「知識工作者」之父

1959 年，杜拉克發表《明日的地標》（*Landmarks of Tomorrow*），首次提出「知識工作者」這個概念，其含義是「把自己從學校學到的知識，而非體力或體能，投入工作之中，從而得到薪資的人」。杜拉克認為，知識工作者的出現，改變了工作的性質，進而改變了人類社會的歷史程序，當然更加深刻地改變了管理的發展歷程。管理的對象發生巨大的變化，各個組織不得不使用知識工作者，知識工作的形式就被不斷地創造出來。知識工作者與傳統的體力工作者在管理中的最大差別在於：前者思考的是如何做正確的事情，

而後者則只需要學會如何正確地做事。21 世紀最大的管理挑戰，就是如何提高知識工作者的工作生產率。

　　杜拉克敏銳地看到西方社會正在發生的巨大變遷，在他提出知識工作者這個概念之際，美國正利用第二次世界大戰所形成的優勢，迅速把歐洲各強國拋在後面，在經濟、科學、管理、社會發展等各方面，走在前列。更重要的是，對知識工作和知識工作者的態度，發生了巨大的轉變，即如何定義技術人員的社會角色和地位。歐洲一些國家（如英國）長期以來對科學家非常尊重，給予極高的榮譽，但對應用知識、掌握技能的技術人員卻不重視，這批技術發明人員的身上，始終籠罩著「技工」的陰影，等同下層的體力工作者，其功用被大大低估，得不到政府和社會的尊重。雖然在工業革命的演進和發展中，從事技術工作的工人以應用知識、不斷發明和改善技術為企業和社會做出巨大的貢獻，但在人們的觀念中，仍未改變傳統的落後認知。第二次世界大戰以後，人們開始意識到知識不僅可以應用於工作，更重要的是，可以把知識應用於創新領域，此時，人們才開始徹底改變對知識的輕視態度。杜拉克感受並總結出這種巨大的變化，認為 20 世紀中葉以來，所謂「資訊革命」，實際上是一場「知識革命」，決定作用的是掌握知識、運用知識、創造知識的「知識工作者」。「知識工作者」不僅是傳統意義上的企業「員工」，應把他們視為企業的合作夥伴，關係著企

業的生死存亡。一家企業、一個民族、一個國家，在經濟、技術和社會上保持領先的要訣，不是占有多少物質數據，而是如何對待他們的知識工作者和能否針對知識工作者的特點，提高他們的工作生產率。

知識工作者的五大特徵

杜拉克高度概括了知識工作者的五大管理特徵：

一是他們對組織的依賴度低，對知識和技術的認可度高，自主移動性大。知識工作者的工作工具就是知識，知識內化於知識工作者的內心，隨著知識工作者的流動而流動。對知識工作者的管理，應以此為前提：知識工作者對組織的需求度低於組織對知識工作者的需求，意味著他們知道自己任何時候都可以離開。特別是組織中的高階管理者、高階技術人員，他們的離開，往往會對組織造成巨大的損失，甚至對組織而言可能是致命的，但對他們本身而言，可能沒什麼損失，反而會讓他們找到更好的機會。他們對知識、專業和技術的認可程度，通常比對企業的認同度高，當企業對利潤、發展等目標的追求與知識工作者在工作中對技術本身的可靠性、安全性、完美性的追求產生矛盾時，知識工作者往往傾向於後者。比如在製藥行業，企業希望一種新藥品能夠盡快上市，搶占先機、贏得市場，獲得最大利潤，儘管這種藥品的效能並不是十分穩定，其副作用也尚未完全顯現；而

056

有高度責任感的研製人員，考量的往往是希望透過更多實驗和改進，讓藥品的效能更加穩定、對人體的健康更加有利、對人體的副作用降低到最低時，再尋求上市。在手機行業，研發人員考量的可能是研製代表高技術水準的完美產品，不會太注重其未來的市場前景；而企業關注的則是新產品能有多大程度的獲利，對新產品的技術水準不會太關注。

二是知識工作者懂得知識的價值，終生學習，期待發揮知識專長，用自己的知識優勢獲得成功，實現人生價值。知識工作者在工作中遇到的最大挑戰，是知識和技術的更新問題，由於知識型員工是結合已掌握的知識和經驗來創造性地為組織解決問題，他們掌握的知識可能由於迅速的新知識創新而失去價值。為應對這種變化和危機，知識工作者在日常工作之餘，希望有更多的時間和機會，能抓緊學習新湧現出來的各種理論和技術知識，只有不斷更新知識，才更能實現人生的價值。

三是知識工作者的工作時間和方式不確定，他們的工作成效重在貢獻和績效，如果他們認可組織、有內在的工作熱情和較高的工作動力，他們就會主動承擔責任，不需要用嚴格的規章制度監督他們的工作過程。知識工作者的工作是腦力活動的過程，很難外顯出來，他們的生產率較體力工作者更加難以量化和考核，難以進行過程管理，只能對他們進行結果管理。他們的工作時間不限，不僅是傳統的 8 小時工作

時間，實際上他們隨時隨地都可以工作，因為他們圍繞問
題進行的思維活動，是不限時間、地點的。他們在吃飯時、
在上下班的路上、在與朋友聊天，甚至在睡覺時，他們的大
腦都可能圍繞工作中的問題進行思考。在知識工作者剛出現
時，一些對體力工作者抱持好感的人，曾經嘲笑他們，說他
們「上班時閉著眼睛，明明是在打瞌睡，卻反而說是在工
作」。很快，這種嘲笑就不見了，誰還能說知識工作者閉著
眼睛就不可能工作呢？誰還能說知識工作者整天睜著眼睛、
忙忙碌碌就一定是在工作呢？管理者在這種情況下，根本沒
有辦法監督他們的工作過程，而只能對工作結果進行監控。

　　四是用薪水難以討回知識工作者的忠心。對知識工作者
而言，薪水是基礎，但高薪並非萬能，並不一定能贏得知識
工作者的忠心，他們更看重的是個人知識實現的機會和平
臺、能否獲得與他們知識能力和貢獻相匹配的薪水，實現個
人價值。當他們個人的價值觀與組織的價值觀發生衝突時，
他們寧可放棄高薪的機會，也不會違背自己的內在原則。他
們更看重薪水之外的東西，對他們來說，薪水是不成問題
的，他們隨時可以找到獲得薪水的渠道。他們認可知識和技
能，喜歡以自己掌握的專業領域、知識來標示自己的身分，
而不是隸屬的公司。但大部分組織對知識工作者的管理仍然
秉持「資本至上」的傳統心態，試圖透過高薪的方法留住知
識工作者，而忽視了知識工作者的特徵和最關注的問題。只

有在組織中創造良好的條件，讓知識工作者得以最好地運用他們的知識、發揮他們的專長來創造更多的價值並予以承認，才是當今組織對知識工作者管理的正確之道。

五是知識工作者注重團隊精神，他們與主管的關係不再希望像傳統的下屬與上司，更像是交響樂團的演奏者與指揮，是一個團隊合作、圍繞共同目標。技能互補的和諧組織，知識工作者和上司、同事以及下屬在共同目標的引領下團結合作，發揮各自的優勢，共享彼此的知識、資訊、經驗和技能，透過相互有效的交流和溝通，最終高效率地完成任務，實現組織目標。組織的任務不再是管理人，而是領導統率，以發揮每個人的長處與能力。但傳統對知識工作者的管理，依然習慣靠剛性的制度和指令來掌控，希望知識工作者能夠順從。但知識工作者越來越期望人本化的管理，期望主動參與管理工作，與管理者一同商討組織發展目標，一同探討解決面臨的問題，希望能夠有更多的自主權，在自己熟悉的領域內，由自己獨立做出決定，減少行政管理的干擾。

決定知識工作者生產率的 6 類因素

杜拉克在《21 世紀的管理挑戰》（*Management Challenges for the 21st Century*）中認為，雖然我們對於知識工作者生產率的研究才剛剛起步，但相對於一個世紀前對體力工作者生產率的研究來說，還是要多得多。人們已經知道以下 6 個

因素決定了知識工作者的生產率：

（1）需要問：任務是什麼？

（2）要求知識工作者必須自我管理，有自主權，人人負責；

（3）要求他們在工作、任務、責任中不斷創新；

（4）要求他們不斷學習，並能不斷地指導別人學習；

（5）不能只用數量衡量知識工作者的生產率，品質與數量同樣重要；

（6）知識工作者應被視為資產，能夠實現增值，而不僅僅是成本。

杜拉克認為，就品質而言，對體力工作者和知識工作者的品質要求是不同的。因此，對知識工作者而言，為達成品質，最重要的是享有分權或授權，以及知識工作者的自我學習。對管理者和知識工作者而言，都需要知道：知識工作者必須自我管理。

自我管理是管理中的革命

杜拉克認為，歷史上那些極成功的人（如拿破崙、達文西、莫札特）是一直進行自我管理的，在相當程度上，也正是自我管理，讓他們成為偉大的成功者。杜拉克在 1988 年 1

月的《哈佛商業評論》雜誌上，發表了〈新型組織的出現〉一文。他在文中指出，未來的典型企業是以知識為基礎、由各式各樣的專家組成的，這些專家在基層從事不同的工作，自主管理、自主決策，知識主要展現在基層、展現在專家的腦海裡。

在這樣的時代大背景下，如何對他們進行管理？杜拉克回答 —— 自我管理。成功必然屬於善於進行自我管理的人；一個優秀的管理者，不是管理好被管理者，而是管理好自己；管理對象 —— 知識工作者 —— 更需要自我管理，管理的使命就是促進知識工作者的自我管理。這是一場管理的革命，對管理者、知識工作者，都提出了前所未有的新要求，「就基本內容而言，它要求每個知識工作者像執行長那樣思維和行動，同樣要求知識工作者對我們大多認為理所當然的思維和行動方式，來一個幾乎是 180 度的大轉彎。」

管理者雙重角色的發現

杜拉克提出的自我管理理念，是指一個人主動調控和管理自我的心理活動和行為過程，這種管理理論，使管理的主客體實現有系統的統一。傳統管理認為，任何管理活動都包括管理主體、管理客體、管理目標、管理資源、管理環境等基本要素，這些基本要素的靜態組合，形成各種管理組織；其動態展開，形成各種管理活動。貫穿管理組織和管理活動

的能動因素是管理主體，也是管理行為的發起者，管理對象 —— 即被管理者 —— 是被動的，是管理活動的承受者。杜拉克的自我管理試圖調合管理主體和管理客體的鴻溝，使兩者合而為一，在組織中的人既是管理者，也是被管理者；既是管理的主體，同時又是客體，都承擔雙重角色。

自我管理是透過合理的自我設計、自我學習、自我更新、自我協調和自我控制等活動，以提高個人素養和績效，實現組織發展的目標。個人首先根據組織的目標和要求，設計自我職業生涯和發展方向與重點，制定切實可行的目標、計畫。在實現目標的過程中，個人還必須進行自我學習和自我教育。需要注意的是，要發現和形成適合自己特點的學習方式，不要試圖模仿別人，更不要試圖改變自己的缺點。在學習中，實現自我更新與調節，不斷超越自我，協調身心關係、協調與環境的關係。在此過程中，個人還應根據目標要求進行自我檢查和自我分析，糾正偏差，實現自主管理、自我控制。

自我管理有利於激發管理者與知識工作者的積極度，是人本管理的真正展現和實質發展，它改變了傳統管理中管理者發號施令、員工照著做的單向管理，創造了目標一致、合作共贏、關注貢獻的良好氛圍。在這種管理模式下，管理追求的是目標、是貢獻，方法是自我塑造與自我控制，前提是把人視為真正的自由創造者、是人的個性化特點與發展，人

不是被決定的工具，而是主動地自我實現的主體。這不僅在管理理念上實現了突破，有效地解決了管理主客體之間的矛盾，而且在人性假設和員工激勵方面，得到豐富和提升，是提高管理效率、降低管理費用、提高知識工作者生產力的關鍵因素。

自我管理的兩類要素

依據杜拉克的思想，實現管理者和知識工作者自我管理需求的兩大類因素，一是組織因素，二是主體的自我因素。

組織因素，即高層管理者的理念、組織結構、管理的制度、文化、氛圍……等因素。高層管理者的理念產生決定性作用，如果他們能夠了解自我管理的優勢、學會讓員工進行自我管理，就可以透過組織結構的調整，透過管理制度和文化，推動組織成員的自我管理。杜拉克提出自我管理的理念後，1970 年代初，為哈佛大學著名企業管理顧問沃頓教授所應用。他在管理實踐中進行了初步的嘗試，他受聘於美國通用磨坊公司（General Mills）時，與高層管理者進行協商，開始改變一味對員工進行控制的管理理念，下放管理許可權，進行分權和授權，改進管理制度和方法，實施員工參與管理、自我管理。實施這種管理方式後，在以後的幾年間，由新成立的自我管理式團隊自主安排時間，企業採用自主式的管理方式，這不僅減少了管理人員，降低了管理成本，且員

工迸發出了從未有過的工作熱情，產品品質和生產效率大幅提升，獲得顯著的成效。這種管理理念和方式，很快被一些著名的企業管理階層接受和推廣，在採用這種管理理念和方法一段時期後，成效顯著。美國通用汽車承認，由於實行自我管理，公司的利潤在 4 年多的時間裡，成長了一倍，員工的勞動生產率比原本提高了 40%；日本電氣公司採用自我管理後，大大減少中層管理人員，企業效益提高 25%、生產率提高 30%。

　　組織因素中另一類影響重大的因素，是組織的結構和管理方式。顯然傳統的直線職能式結構，不利於實施自我管理，分權式的、團隊式的組織結構，便於開展和實施自我管理。1946年，杜拉克在《公司的概念》一書中認為，隨著企業規模的擴大，如果單純依靠個別的管理者和領導者，組織是無法長久存在的，必須建立能夠在普通人管理下持續運作的組織結構和形式。因為前者，是把希望放在個別的天才領導者身上，將不可避免地出現權力集中於一人的獨裁，當此人離開或離世時，由於組織長期以來沒有任何人在此體制下得到鍛鍊和檢驗能力的機會，所以不可避免地陷入內部的派系分裂和矛盾，最終威脅組織的生存。為解決這個關係存亡的大問題，必須從組織形式和制度上著手，建立能夠激發成員團隊精神的組織架構，有利於挖掘內部人才，有利於在當前最高領導者的領導下，出現能夠獨當一面的、具有培養潛力的領導者。西方有句諺語說，

2,000 年來基督教最大的奇蹟是，總能從最糟糕的人中選出最卓越的領導者。因此，組織必須在有希望的人年齡尚輕、有熱情、有幹勁時，給他們分權、授權、鍛鍊的機會，搭建事業的成長舞臺，讓他在實踐中犯錯、改進。此時，他們還有時間學習、提升，即使犯錯也不會影響組織的生存。組織最危險的，是把一個出色的、從來沒犯錯的人放在公司副職、接班人的位置上，卻不讓他們獨當一面，這讓他們沒有機會在獨立指揮大局的實踐中，培養智慧和心理素養，結果會害了個人和組織。為此，企業的高層管理者必須建立分權式的組織形式，讓員工有更大的自主性和自由度，以責任和貢獻為核心，激發員工積極向上的熱情。

杜拉克透過對所在的通用汽車公司聯邦分權制的分析，闡明了分權所帶來的自治式管理（也就是自我管理）理念的雛形所產生的巨大管理效益。時任通用汽車總裁的斯隆（Alfred Pritchard Sloan）用 20 年的時間，把分權從概念發展成為一整套工業管理的理論和制度體系，使通用汽車的內部組織形式發生了重組。通常人們把分權理解為分工，但在通用，其含義不僅如此，更重要的是以人為本，讓員工和下屬有更大的自主性和自由度。分權不僅應用於核心管理階層與事業部經理，且延伸到包括基層管理者在內的所有管理人員；不僅應用於公司內部，且延伸到合作夥伴，尤其是汽車經銷商身上。杜拉克在調查分權制度實施後的影響，尤其是基層管

理者的看法時發現，其中有一位入職通用僅兩年的管理者，完整地意識到分權政策的目的和成果，這被杜拉克記述到他的書中。這位基層管理者認為分權的優點有 8 個方面：

(1) 提高了決策速度，使相關人員明白決策的負責人和政策依據；

(2) 避免各個分部與總公司之間的利益衝突；

(3) 公平對待管理人員。只要他們工作出色、績效顯著，就能得到賞識。公司內部為職位競爭出現的不正常現象得到扼制，人身攻擊、陰謀詭計、派系爭鬥與分裂現象減少；

(4) 管理民主。實際權責的歸屬得到清楚界定，沒有人濫用職權，也沒有無人負責的現象。員工能自由表達意見、提出批評和建議，具有協商、民主的氛圍，但一旦做出決策，就不會有人反對或暗中掣肘；

(5) 消除少數特權分子與絕大多數管理人員之間的差別，即便是總裁，也不能擅自獨享其他管理者不具有的權力，避免一身獨裁的現象；

(6) 管理隊伍充足。公司鍛鍊出足夠資深的優秀管理者，隨時可以擔當重任；

(7) 濫竽充數、碌碌無為者將無法再矇混度日。每個工廠、每個小組、每個團隊的績效和成果一目了然；

（8）員工人人照指令行動的命令式管理不復存在，員工不僅知其然，而且知其所以然。在通用汽車公司，最令人吃驚的是，連最基層的管理者也知道公司的政策為何如此制定，因為他們也參與管理，貢獻了自己的意見和智慧。

杜拉克認為，組織因素只是自我管理的外部條件，內部因素還要依靠員工主體的自我管理因素。這些因素主要是員工自我的職業生涯規劃、自我管理的目標設定、自我優劣診斷分析、自我學習式管理等。

杜拉克把員工職業生涯的自我管理稱之為「管理自己的下半生」。他說，當一名員工工作 20 年左右，可能對工作開始感到厭煩，這時就面臨中年職業危機，但員工卻不得不面對後續 20 年的工作，這需要進行職業生涯的自我管理。首先，員工要清楚自己的個性和特質，能正確認知自我角色，知道自己適合做什麼、想做什麼；其次，員工還要清楚在什麼樣的工作環境中，願意工作、能更出色地表現、能正確地處理自我發展與環境的關係；在此基礎上，員工能自我承擔責任，確立職業生涯、自我管理的意義，能夠自我定位、選擇職業目標和發展路徑，並能做好階段性的規劃，不斷對目標期望值和價值評價進行修正、評估和完善。杜拉克認為，管理者和知識工作者的自我職業生涯管理，必須由個人自己承擔，個人是自己職業生涯發展的第一負責人。「個人發展的最大負責人是自己，而不是組織或他的上司。」

　　在員工職業生涯的自我管理中，自我目標的界定是關鍵，它對人生的發展影響很大。杜拉克認為，一旦人們對自我目標實施管理、對機會有所準備，成功的事業就開始發展，因為他們知道自己的長處、自己的工作方法和自己的價值觀，知道自己的歸屬是什麼，這能讓一個普通人變成一個成績出眾的人。哈佛大學曾經持續研究了幾百位年輕人，最初的調查發現：3％的人目標清晰而且遠大；10％的人目標清晰而不遠大；60％的人目標模糊；27％的人沒有目標。25年後，透過追蹤這幾百位年輕人，調查人員發現：那3％的人成為各界的菁英和領袖；那10％的人成為各個專業的佼佼者，且收入頗豐；而那60％的人，絕大部分是在社會的中下層；另外27％的人，一輩子境遇都很差，虛度光陰，碌碌無為，怨天尤人。

　　選定自我職業生涯目標後，就要對實現目標做出規劃。耶魯大學開發出一套個人目標規劃、實現的 7 個步驟：

　　（1）先擬出你期望達到的目標；

　　（2）列出好處：你達到這個目標有何好處？

　　（3）列舉出可能的障礙點 —— 達到目標可能遇到的難題和障礙；

　　（4）列出需要具備的條件，特別是需要什麼樣的自我素養，如知識、能力、訓練等；

（5）列出可能提供幫助的對象和途徑；

（6）制定較為詳盡的行動計畫；

（7）確定達成目標的期限。

杜拉克認為，實現主體自我管理的基礎是不斷學習以提升素養，是自我管理式的學習，其目的在於創新，「不創新就會滅亡」，其檢驗的標準是績效。他在《個人的管理》一書中講述自己的經歷時，說：「我迫使自己利用下午和晚上的時間，學習國際關係與國際法、社會和法律制度史、歷史和金融等，我漸漸養成了習慣，且能持之以恆。每過三、四年，我選擇一個新的學科。60 多年來，我堅持一次選修一門學科，這種學習習慣不僅為我打下堅實的知識基礎，且迫使我接觸新學科、新學說和新方法，因為我學的每一門學科都有不同的假說，且採用不同的方法論。」正是不斷學習，成就了杜拉克在大師中的大師地位。到了 1990 年代，隨著彼得‧聖吉（Peter Senge）《第五項修練》（*The Fifth Discipline: The Art and Practice of the Learning Organization*）的發表與傳播，建立學習型組織的理念在世界範圍內深入人心。1994 年在義大利羅馬舉行的「首屆世界終身學習會議」（羅馬會議）籌建了世界終身學習促進會，提出終身學習是 21 世紀的生存概念。聯合國教科文組織國際教育委員會在「學會生存」的報告中指出：「科學技術的時代意味著知識在不斷變革，革新在不斷進行，教育應該較少致力於傳遞和儲存知

識，而應該更努力追求獲得知識的方法，即學會如何學習。21 世紀的文盲將不再是不識字的人，而是不會學習的人。」

敏銳的杜拉克還觀察到當時剛出現的網際網路線上學習，他對此進行了闡述。他認為這種學習方式的好處有：節省學習時間和費用，透過網際網路，不用離開家門就可以接受一流教育，不僅節省時間，還節省了鉅額學費；線上學習更富有靈活性，使學生們能在任何自己方便的時間，在家裡獲得所需的知識，可以反覆學習，直至理解和掌握；完全可以實現教師與學生一對一式的學習，更有成效地提高學習效果。

稻盛和夫一生創造了兩個世界前 500 大企業，被稱為「經營之聖」、「人生之師」，他是成千上萬名經營者長期追隨的企業明星。稻盛和夫的經營哲學改變了眾多企業的命運，被稱為人類有史以來「企業家中最出色的哲學家，哲學家中最出色的企業家」。著名學者季羨林先生說：「根據我七、八十年來的觀察，既是企業家又是哲學家、一身而二任的人，簡直如鳳毛麟角。有之自稻盛和夫先生始。」

稻盛和夫於 1932 年 1 月出生於鹿兒島，白手起家創辦京瓷、KDDI 兩家世界前 500 大企業，並創造了企業幾十年無虧損紀錄。創業幾十年來，先後經歷過兩次石油危機、日幣升值危機和日本泡沫經濟危機、科技泡沫危機。每次危機

後，他的企業都獲得快速發展。在 2008 年爆發百年一遇的全球金融危機初期，京瓷銷售額和利潤雖然一時下滑，但其利潤恢復、尤其是利潤率上升之快，令世人驚嘆。

稻盛和夫在大學學的是有機化學，本想在石油化工企業就職。但畢業時找不到理想的工作，只好進了一家京都叫「松風工業」的陶瓷公司，轉向研究無機化學。經過調查研究後，稻盛和夫得到一個結論：陶瓷工業要發展，絕不能把目光只放在強電上，需要開發弱電用的精密陶瓷。1959 年，他和其他 8 個志同道合的同事，以從朋友借來的 300 萬日元為資本，創立「京都陶瓷株式會社」，開始精密陶瓷的製作。1966 年，公司在激烈的投標中，奪得了向 IBM 提供 2,500 萬副陶瓷電路板的合約。這絕不是一件簡單的事情，此事的成功，意味著京瓷成為世界一流的精密陶瓷企業。

在京瓷的成長過程中，稻盛和夫完整地建構了他的「京瓷哲學」。稻盛和夫在自述中提到：「為何京瓷能一直保持成功？我總是這樣回答：『是由於它擁有堅定的經營哲學，並將之與員工共享。』」這就是稻盛和夫身為最高管理者的理念的作用與影響力，他把自己的哲學稱為「利他哲學」，或稱為「自利利他哲學」。把「敬天愛人」當作京瓷的「社訓」。稻盛經營哲學可用 8 個字概括：「利己則生，利他則久。」也可稱之為「敬天愛人，以心為本」。敬天，即與自然共生循環，在保持人類社會、地球、自然界生態平衡的基

礎上，使人類與自然界形成良性循環，和諧共存。他認為，人類的發展必須建立在與自然和諧共存的基礎上，人類對自然產品的利用必須控制在使其能夠循環再生的範圍內。

關於「以心為本」，稻盛和夫解釋說：「我到現在所做的經營，是『以心為本』的經營。換句話說，我的經營就是圍繞著『怎樣在企業內建立一種牢固的、相互信任的人與人之間的關係』這麼一個中心點進行的。」

京瓷公司是從一個既沒有資金、也沒有信譽和業績的小工廠起步的，當時，它所擁有的，只是一點點技術和相互信賴的 28 名員工。白手起家的稻盛和夫意識到，雖然沒有比人心更易變、更不可靠的東西，但是一旦建立起牢固的信賴關係，那麼也沒有比人心更加可靠的東西了。因此，他決定「以心為本」來經營公司。為了公司的發展，每個人都竭盡全力：經營者不負眾望，努力工作；員工們相互信任，不圖私利。之後，在創業中雖然遇到各式各樣的艱難險阻，但依靠著這些堅實而又緊密相連的心性基礎，依靠著這個簡單執著的經營理念，最終度過了難關，成就了今天的京瓷。

「以心為本」的經營哲學，歸根究柢是在企業中形成了強大的凝聚力。公司成員不再是受支配的員工，而是具有主角意識的共同創造者。

稻盛和夫認為，企業經營者必須確立經營企業的目的和

意義，進而制定出光明正大、顧全大局的崇高目標，應該在頭腦中不斷描繪願望實現時的情景，這樣日復一日，就能把強烈而積極的願望，深入到潛意識中。即使客觀上存在重重困難，幾乎沒有成功的可能，也必須堅定信念，抱定必須成功的強烈願望，這是事業成功的原動力。他認為：「好的機會都隱藏在平凡的情景中，但它們只能被那些有強烈目標意識的人所發現。」

除了有最高管理者的經營哲學和理念，還必須有全體員工的積極參與，依靠他們每天在每件事上的付出和成就。稻盛和夫在創辦京瓷公司後不久，就獨創了「阿米巴」（Amoeba，變形蟲）經營模式。「阿米巴」經營是一種基於正確的經營哲學和精細的部門獨立核算管理，將公司組織抽成一個個「阿米巴」小團體，並按照獨立核算來經營這些「阿米巴」。在採用「阿米巴」經營的小團體中，實行「部門效益時間核算」，「阿米巴」設定的主要目標，不是人們常識中的「成本管理」，而是「附加價值」。也就是說，作為一個經營主體，「阿米巴」首先要多獲得訂單，在訂單基礎上進行生產時，先做好規劃，以最少的費用實現訂單，以最少的費用創造最大的價值，結果就是「附加價值」的最大化。由此，「阿米巴」透過確立責任，確保細節部分的透明性，形成了徹底檢驗效益的系統。日本已有超過 500 家企業在京瓷相關公司的指導下，引進「阿米巴」經營模式，業績

得以大幅提升。

在「阿米巴」自我管理模式下，全體員工的積極度、創新性、前瞻眼光被充分地發揮出來。稻盛和夫在創業和經營的過程中，非常重視創新。他認為，發展企業必須「創造新的需求、新的市場、新的技術、新的產品」。同時，他把創新視為一位企業管理者必備的素養，並把創新視為終身的習慣。他說：「企業領導者必須經常保持創造性的心態，還要經常引導部下尋求新的東西，培養他們的創造性。因為不經常引入創造性的思維方式，這個集團就不可能有持續的進步和發展。如果領導者對目前的狀況表示滿足，整個集團就會不思進取，甚至退步。」他認為，每日有細微的進步，日積月累，才能獲得重大的進步。所謂「創造」，並不僅僅是開發新技術，不管是做多麼微不足道的工作，都要時刻不斷地改善，爭取明天的工作比今天好，後天的工作比明天好，這才是最重要的。任何偉大的改造，也正是從這種永不滿足於現狀的精神中產生。

稻盛和夫的經營哲學可以用一個簡潔的方程式來表達，他稱之為「人生和工作結果的方程式」，或叫「成功方程式」：

成功＝人格‧理念 × 努力 × 能力

－ 100 ～＋ 100×0 ～ 100×0 ～ 100

「人格‧理念」日語叫「思維方式」。按照這個方程式，只要在正確的方向上付出不亞於任何人的努力，就是說將「人格‧理念」和「努力」的分數盡可能變大，然後把個人和團隊的潛在能力充分發揮出來，那麼即使是能力平凡的人、平凡的團隊，也能創造出不平凡的奇蹟。稻盛和夫經常將「人格‧理念」用「動機至善，私心了無」8 個字來表示。思維方式是三要素中最重要的要素，是指對待人生的態度，它的範圍可以從＋100 分至－100 分。因為思維方式的不同，人生、事業的結果就會產生 180°的大轉變。因此，在有能力和熱情的同時，擁有做人的正確思維方式至關重要。

稻盛和夫強調「以將來進行時來看待能力」。在制定新目標時，要為自己規劃一個超出現有程度的更高目標，並為在未來某一時刻實現這個目標而傾盡全力。哪怕是看似「無能為力」的事，那也只是現在的無能為力，將來一定能夠成功，應該相信自己的潛能，在機會來臨時一定可以喚醒和迸發出來。

為了實現理想、朝目標一步步邁進，勤奮努力是不可或缺的。無論夢想和願望多麼高遠，現實中的每一天都要竭盡全力、踏實地重複簡單的工作。通往成功的道路是沒有捷徑的，只能是「每一天」的累積與「現在」的連續，只有努力，而且是「做出不遜於任何人的努力」，事業才能最終獲得成功。最偉大的成就都是由一點一滴、微不足道的小事累

積起來的，因此，即使是很小的事情，你也要願意付出努力，而且永不退縮。長遠的成功是沒有捷徑的，心中時時都要有這樣的信念 —— 如果你不放棄，就不能算是失敗。

稻盛和夫認為，人生就是不斷提升心智的過程。有了這樣的超脫和追求，才使他擁有俯瞰人生的視野。他在著作《人為什麼活著》中這樣說：「並非只有失敗才是考驗，成功同樣也是一種考驗……有人成功了，就覺得自己很了不起，態度變得傲慢無禮，這就表示其人性墮落了；但也有人成功了，同時領悟到單憑自己無法有此成就，因而更加努力，也因此進一步提升了自己的人性……無論成功或失敗，真正的勝利者都能利用所擁有的機會，磨練出純淨美麗的心靈。」

「追求全體員工物質與精神兩方面幸福的同時，為人類和社會的進步與發展做出貢獻。」50 年來，稻盛和夫與他的員工們一起忠實地實踐了這個經營哲學理念。稻盛和夫是透過光明大道到達巨大成功的典範，是純粹的理想主義和徹底的現實主義優美結合的典範。

這就是典型的日本自我團隊式的管理。

實現自我管理的 5 個問題

如何實現自我管理呢？杜拉克認為，實現自我管理的途徑和方法，在於不斷地問 5 個問題：「我是誰，我的長處何

在？我做事的方法是什麼？我的價值觀是什麼？我歸屬何處？我的貢獻是什麼？」

了解自身長處。杜拉克認為，個體不能憑想當然去了解自己的長處，要有科學的方法來分析。在他看來，了解自身長處的唯一方法，是回饋分析法，即「每當你做出一個重大決定或採取一項重大行動時，先寫下預期將發生什麼，9～21個月後，將實際結果與你的預期進行比較」。這種相當簡單的方法，如果能夠堅持兩～三年，就可以準確地識別出個體的長處和短處。這個方法告訴我們，關注的是自身的長處而不是短處，是透過發現自己的長處而不斷發展，獲得新技能，透過自己的長處才能為組織做出最大的績效。當然，這種方法也可以診斷出自己的短處，要糾正的是妨礙績效的壞習慣。

改進做好事情的方式。杜拉克反覆告誡「不要試圖改變自己」，因為試圖改變自己不太可能獲得成功，要了解自己的做事方式。唯有做自己擅長的事，才會有傑出的成就；同樣地，唯有以自己最能發揮特長的方式做事，才會成功。需要做的是改進自己做事的方式，如何改進，杜拉克認為要問自己4個問題：

一是問自己是閱讀者還是聆聽者？這兩種類型的風格很難互換，如果試圖改變，很可能一事無成；

　　二是問自己如何學習？學習的方式很多，杜拉克認為，學習的方式有 6 種，透過書寫來學習、邊做邊學、聆聽談話來學習……等，只有自己擅長的才是最有效的；

　　三是問自己善於合作或是單獨做？

　　四是問自己適合做決策還是做顧問？

　　分析自己的價值觀。杜拉克說，個體的價值觀與組織的價值觀相吻合（至少相接近），才能在組織中順利工作，才可能獲得成就；如果你的價值觀與組織的價值觀相衝突，那麼，你在這個組織中工作，要麼遭受挫折，要麼碌碌無為。個體的價值觀與長處也可能出現背離，如果一個人的長處不符合他的價值觀，雖然會成功，但也會讓他備受工作的折磨，從長遠來看，也很難做出大成就。不值得用一生去做不符合價值觀的事情，價值觀是最終的檢驗標準。

　　確立自己的歸屬。在了解上述 3 個問題的基礎上，就可以決定自己的歸屬。假如不能很明確地決定歸屬，那就需要確立自己不歸屬於哪裡，這需要學會拒絕。只有在拒絕和尋找中，才能了解自己的長處、做事方式、價值觀，才可能遇到合適的機會和任務。在這種意義上，成功不是規劃來的，而是在確立自己歸屬的基礎上，靠努力勝任工作，在平凡的職位上做出成績、成為不平凡的傑出成就者。如果找不到自己的歸屬，則始終是個平庸者。杜拉克說：「知道一個人的

歸屬是什麼，這能讓一個普通人變成一個成績出眾的人。」

應該貢獻什麼。現代條件的管理者和知識工作者應該學會問：「我該有什麼貢獻？」為了回答這個問題，必須弄清楚3項相關問題：做出這樣的貢獻需要什麼條件？我的長處、價值觀、處事方式對做出這個貢獻有什麼幫助？應達到什麼效果，才能發揮最大的影響力？為此，貢獻的選擇應該有意義、對組織的發展有一定的影響力，有難度但又並非高不可攀，成果能夠衡量。為此，必須善於處理人際關係，因為除極少數工作領域外，想獲得成就，不可能靠個人單打獨鬥，必須形成團隊，這就要充分地了解同事的長處、處事方式和價值觀，與他們進行充分溝通，建立相互信任，形成相互依存的緊密關係。

第 3 章　管理的主體

「在每個企業，管理者都是企業生命注入活力的要素。」

「在激烈競爭的經濟體系中，企業能否成功，是否長存，完全要視管理者的素養與績效而定，因為管理者的素養與績效是企業唯一擁有的有效優勢。」

「管理階層逐漸成為企業中獨特而必需的領導機構，是社會史上的大事。」

「管理階層是一種有著多重目的的機構，它既管理企業，又管理管理者，也管理員工和工作。」

「管理者必須建立一支單一、有系統的團隊。」

「管理者必須權衡目前利益與長遠利益。」

什麼是管理者？管理者該做什麼？這些問題在管理中看似不成問題，但在杜拉克看來，恰恰因為人們在這些簡單問題上存在嚴重的誤解，而導致經營的失敗。在深入思考這些看似簡單的問題後，杜拉克給出了自己的回答。

杜拉克認為，組織中管理階層的出現是人類社會發展史上的一件大事，管理階層出現後，使組織的資源成為動態的系統並轉化為產品，因此管理階層素養的高低決定組織的生死存亡。

管理階層是如此重要並得到迅速發展，但人們對管理階層並不怎麼了解，管理者應該做什麼、如何做、為什麼要這樣做，對管理階層的錯誤認知和偏見等問題，還在困擾著人們。

管理階層的內涵、要務與任務

杜拉克認為，人們對什麼是管理階層這個基本問題還存著根深蒂固的偏見，這些偏見主要有以下兩種：

一是認為管理階層就是高層人士，就是老闆，這就把其他管理人員排除在管理階層之外。顯然這種觀點是站不住腳的；

二是認為管理階層即指揮別人工作的人，也就是很多管理學家在書中定義的「管理者的工作就是使其他人完成他們各自的工作」。

這兩種觀點有一個共同的缺陷，即試圖告訴人們誰是管理階層，並沒有抓住管理階層的本質，即管理階層到底是什麼、要做什麼？

在對管理階層的錯誤認知進行分析的基礎上，杜拉克認為，必須依據管理階層的職能，對管理階層進行定義。

管理階層的三重含義

杜拉克認為，管理階層是經濟器官，最大的權威是績效，首要的職能是管理企業。杜拉克研究的對象是企業，企業本身是一個實體，是一個活生生的、從事社會賦予職能的運作實體。在企業實體中，管理階層是企業的具體器官，必

須針對企業的具體情況開展管理，雖然企業的管理階層和其他必須的組織管理階層在從事管理時所使用的職能（如策劃、決策、控制、協調等活動）並無不同，但企業這個實體的性質（即企業最重要的原則是創造經濟績效、為社會提供需要的商品和服務）決定了企業管理階層必須把經濟績效放在首位，管理階層的最大權威，就是創造可觀的經濟績效；管理階層的所有決策和行動，都應圍繞經濟績效來展開，沒有經濟績效，即便其他非經濟性成果非常豐富，也意味著管理的失敗。

杜拉克認為，管理階層的第二個定義是管理管理者的群體。企業擁有的資源，要創造大於自身的價值，而企業的物質資源不會自動增值，能夠實現增值的只有人力資源。在實際的管理實踐中，人們往往忽視基層員工的作用，認為他們與普通物質資源沒什麼差別，因為覺得他們總是在被動地執行命令，既無權參與決策，也不用承擔什麼責任。這是一個嚴重的誤解！因為員工也是具有管理性質的，如果員工參與管理、視員工的工作為管理性質的工作，同樣會提高生產率。判斷企業的員工是否為管理者，其標準不在於是否有下屬，而在於只要對組織負有貢獻的責任、能實質地影響該組織的經營能力及達成的成果，他就是一位管理者，必須納入管理階層管理的視野。

杜拉克認為，管理階層的第三個定義是管理組織和員

工。他所指的員工並非沒有管理職位的基層員工，只要是有
承擔工作任務的，從工廠推車的工人，到企業執行副總裁，
都是企業的員工，必須把員工結合起來，並放在合適的位
置，讓他們最有效地進行工作。只有透過管理階層的管理，
才能實現這些任務，滿足員工多方面的需求；員工也只有透
過管理階層賦予的工作和職務，才能實現自身的價值。

　　管理階層的這三種職能並不是截然分開的，管理階層在
每項活動中都在同時履行。因此，杜拉克認為，管理階層是
一種有多重目的的機構，它既管理企業，又管理管理者，也
管理員工和工作。

　　從某公司 4 人辭職來看管理職能。一家公司短期內出現
4 個人辭職，他們是分區經理張鵬、製造總監胡亮、市場主
任袁麗琴與工廠工人吳志勇。這 4 個人既涉及行銷體系，又
涉及生產系統；既有總監、經理與主任等管理者，也有普通
員工。這 4 個人申請辭職的原因不一、情況各異，身為管理
者的王總經理該怎麼抉擇呢？的確是一道難題。

　　首先，從公司角度來看，企業組織不僅為員工提供了工
作的平臺、職業發展的基礎，還應該最終成為每位員工精神
與心靈的家園，而管理者則肩負著培養與引導員工成長的責
任與使命。員工提出辭職，說明公司在分配政策、制度管
理、企業文化建設以及關心員工業餘生活與心理健康等方面
還有極大的改進空間，管理者也負有一定的責任；其次，從

辭職者的角度來分析，4 人在各自的職業生涯上都遇到了問題，都對組織缺乏客觀與理性的思考，對個人成長、職業與事業的發展，缺乏科學和正確的分析，出現了不同的思維與行動的失誤，需要組織與管理者的正確引導、溝通與教育。

以下就針對 4 人的不同情況，分別從「背景分析」與「建議措施」兩方面闡述，給王總經理一點參考。

一、關於分區經理張鵬

1. 背景分析

行銷經理的培養週期長、成本高，王總經理為張鵬的提拔與培養，付出很大的心血，使之一步步從基層員工成長為一名分區經理，實屬不易。但這次向下屬索要獎金的行為，違背了公司的相關規定，性質是嚴重的，張鵬本人應了解問題的性質與自己的錯誤，進行認真的反思與檢討。身為直接上級的王總經理也負有一定的責任，應幫助張鵬認知錯誤的嚴重性，引導他正確對待事業、職業、同事與利益。主管的青黃不接與素養提升，是所有企業成長的「煩惱」，非一日之寒，需要決策階層在機制上的反思。

從另一個角度來看，公司的分配政策也許需要改進。僅按年度增量單項指標來考核獎金，可能具有局限性：其一，沒有增量的客觀原因可能有很多方面，如區域性經濟政策導向引發的暫時性市場停滯，競爭對手突然投入重兵與資源

等；其二，分區雖無增量，但客戶構成或市場結構可能得到了改善，如優質客戶或大客戶比例增加了；除短期業績外，還有團隊管理、客戶滿意度、貨款回收等綜合指標是否有改進。

2. 建議措施

首先，幫助與批評。王總經理應與人力資源總監分別找張鵬推心置腹地談話，幫分析事情的性質，幫他了解從思想到行為的錯誤，明確指出錯在哪裡，提出批評，退回所收取的下屬獎金，並作口頭或書面檢討。

其次，激勵與引導。肯定張鵬過去3年為公司作出的貢獻，仍保留他分區經理的職位，希望他能珍惜企業給予他的機會，激勵他努力創造更好的業績。同時，引導行銷經理從側重於業務開拓，逐步轉向團隊的培養、建設與管理。

最後，制度與改進。反思公司的各項分配政策與制度，根據市場與企業的現狀進行修訂，尤其是分配制度，最好採取多指標加權評定，使之更加合理公平。建立長期又有系統的主管培養制度，定期培訓主管，整體提升主管的綜合素養與管理技能。

二、關於製造總監胡亮

1. 背景剖析

從公司角度來分析，胡亮身為一名空降的主管，他要適

應新行業、新上司、新團隊與新的生產技術流程，在初期一定會遇到困境，身為他的上司與同事，應及時發現問題，給予他全面的支持，努力幫助他度過新環境的適應期。從胡亮到公司以來的 4 個月來看，王總經理、人力總監等顯然做的不夠，應負有主要責任。優秀的經理人不是用錢買來的，也不是應徵來的，而是有效的決策者與有競爭性的機制培養出來的。另外，因兩次品質問題，胡亮受到王總經理的嚴厲批評，這是辭職的導火線，王總經理應該先調查一下問題的真實原因：是歷史性？偶然性？是系統性？還是細節性？客觀分析後，幫助胡亮共同防患未然。

從胡亮自身來分析，他有許多優點，也存在缺點。新官上任三把火，他熱心於改進流程，但脫離了企業自身的實際條件；他有審計與現場的經驗，但缺乏團隊的管理技能；他急於想提升公司生產體系整體水準，但對體系的實際現狀與細節不甚了解；雖然他對新部門有一腔熱情，但卻缺乏對新環境適應的心理準備，缺乏與新組織共同成長的決心、信心與耐心，對自己職業生涯的轉變，缺乏經驗。

2. 建議措施

首先，溝通表達歉意。王總經理與人力資源總監應分別與胡亮進行一次真誠的促膝交談，檢討前期工作的偏差。王總經理應對胡亮表示歉意：自己批評的方式欠妥；在進行調查研究後，再坦誠地與他共同分析問題發生的真正原因，並

授權他制定治標又治本的措施。

其次，鼓勵其表達心意。高層領導者應先肯定胡亮的優點，表揚他之前為公司所做的嘗試與努力，客觀地幫助他分析新企業、新職位與新團隊的挑戰性，鼓勵他用信心與耐心去克服眼前的暫時性困難，提高工作的藝術性、策略性與靈活性。

最後，挽留表誠意。胡亮已在新部門適應了4個月，最困難的時期已經度過了，胡亮的缺點就是他成長的潛力，也是公司發展的空間，高層管理團隊應真誠地挽留他、鼓勵他，與他一起成長。

三、關於市場主任袁麗琴

1. 背景剖析

從公司角度來分析，很多企業都有像袁麗琴一樣的大齡未婚者，受環境所限，工作、餐廳、宿舍三點一線。自身的交際圈子狹窄，隨著年齡增加，心理壓力逐漸加大，這種現實應引起公司高層的關注。製造型企業往往地處工業區，員工離商業、文化與發達區域較遠，公司應適當考量採取相關措施，予以逐步改善或彌補。員工是企業最寶貴的財富，而目前員工的構成逐步年輕化，要關注他們的喜怒哀樂。

一位對職業價值認知很清晰、職業化程度很高的員工，是不可能因自身情感或婚姻問題提出辭職的。袁麗琴身為一

名資深的員工，還是公司市場部的管理骨幹，工作出色並得到大家的認可，卻因婚姻問題為由而提出辭職，這說明她本人缺乏職業思考，對自己的職業價值了解不清，思想出現了缺失；人際圈子小、業餘生活單一是客觀情況，但應先尋找辦法進行改善，辭職應該不是唯一的出路。

2. 建議措施

首先，排解與疏導。由王總經理與人力資源總監出面，分別與袁麗琴談話，代表公司真誠地挽留她，表達公司認可她的工作表現，以情留人，增加組織的關懷與溫暖，同時幫她調整思路，擴大生活圈與人脈圈，積極主動地加大與外界的接觸，在實踐中累積戀愛經驗。

其次，策劃與引導。增加職業生涯培訓，引導員工建立人生觀、職業觀與事業觀。幫助他們協調職業與婚姻的關係，適當擴大工作圈、學習圈，透過學習與實踐，開闊視野、增加見識，提高對外交往與社交的能力，在工作中建立自信，在自信中開拓戀愛機會。

最後，改善與指導。公司高層與相關部門應積極投入精力與資源，關心員工的生活，對內定期舉辦看電影、讀書座談會或外出郊遊等活動；對外積極連結其他部門，共同舉辦聯誼、旅遊、文藝與運動等娛樂活動，活躍與改善組織的文化氛圍，擴大員工的交友面。

四、關於工廠工人吳志勇

1. 背景分析

目前，在公司裡，年輕員工所占的比例在逐年上升，已逐步成為員工中的主體，這為管理階層與人力資源部門帶來全新的挑戰。年輕員工個性特徵鮮明、資訊面廣、對新奇事物感興趣，易受環境影響，集體意識與紀律意識薄弱、自我意識強，工作只是他們生活的一部分。對於企業的這種客觀現實，管理階層應高度重視，總體原則是因勢利導、宜疏不宜堵，管理階層應將員工的基礎教育、團隊建設、素養教育與人文關懷並重，逐步建立適應年輕人的人力資源管理機制與體系。

由工廠主任與組長所構成的基層管理者，是企業管理的中堅力量，基層管理者的能力與素養，決定了企業最終的執行力、生產力。他們也是有創意的，例如，上個月舉辦燒烤活動，鼓舞了士氣，當月就創造了佳績，這說明基層工作也是卓有成效的。但今後的策略應因地制宜、因情制宜、持續創新，基層主管應接近年輕人，體察「民情」，群策群力，一定會找到更多引導與影響年輕人的工作方法與措施。

2. 建議措施

首先，個人溝通與挽留。管理階層有共識後，由工廠主任與組長找吳志勇溝通，一方面，肯定他之前工作的良好表

現，勸說他冷靜思考未來的選擇，公司希望他能改變離職的決定；另一方面，指出他不符合公司相關規定的地方，因為不符合目前行業的職業習慣，勸說他盡快改正。

其次，創新團隊管理。對製造業而言，基礎員工的穩定非常必要，其中的關鍵就是提高基層管理者對現代員工的管理意識，提升他們帶團隊的能力，提高他們新型人力資源的管理素養，吸收外界或同行的經驗，實事求是地不斷創新，持續強化年輕人對組織的歸宿感。

最後，調整與改進制度。中小企業的劣勢是缺少文化的累積與成熟的模式，優勢則是具有創新力與管理的彈性。員工管理是企業的基礎管理，公司應考量對舊制度的改進，逐步建立理性的考核制度與分配制度，建立資深員工與新員工良性競爭的平臺，相互學習、相互合作、提高默契。

管理的兩大要務

杜拉克認為，任何組織的管理者都必須做好兩大要務：一是建立團隊，不能只靠一個人的力量，必須依靠有系統的團隊；二是協調當前與長遠的利益。

杜拉克說，團隊不是個體成員能力的簡單集合，而是具備互補知識與技能的人所組成的、具有共同目標和具體的、可衡量績效的群體。團隊成員為達到共同目標而相互負責、

彼此依賴。良好的團隊能使全體成員的能力倍增。如果兩個人齊心協力，他們的工作績效將超過 10 個單打獨鬥的人。一句話，團隊就是目標一致、技能互補、利益共享、風險共擔的整體。

為什麼需要團隊？因為人們都有缺陷，靠有缺陷的人去完成一個複雜的偉大事業，單打獨鬥是不行的，只能靠團隊。古典名著《三國演義》膾炙人口，故事給人多方面的啟發，圍繞這些故事的核心問題，是「為什麼在這個時期，會出現三國鼎立的局面」？從團隊研究的視角來看，在這特殊的歷史時期，形成了三支團隊，這三支團隊內部結構都很健全，任何一支團隊都有一個核心的人物、有一個或多個智囊、有一批英勇善戰的武將，由這三種人所構成的團隊，是完美的政治型團隊，可以做出一番轟轟烈烈的事業。巧合的是，正好在三國時期，形成了三支這樣的團隊，故各自成就一番事業，假如這三支團隊放在其他歷史時期，都有可能造成天下一統的局面。在這三種類型的團隊成員中，核心人物一定是目標非常明確、策略得當、能夠團結大多數人的，如曹操、劉備、孫權，這三個人的目標都一樣——想統一天下，也都採取了符合自身特點的策略。如曹操的策略是「脅天子以令諸侯」；劉備的策略是「東聯孫權，北拒曹操」，鞏固荊襄，西取漢中、西川；孫權的策略是以長江天險為依託，依靠雄厚的江南富庶之地，與曹操爭天下。這三個團隊

的核心人物，都有相當大的胸懷和抱負，都能團結和容納人才，特別是處於弱勢的劉備，更是以仁義之心聚攏了一大群能打天下的人才。這三個團隊中，都有傑出的智囊型人才，這類人員在團隊建設裡也是必不可少的；早年劉備在爭天下的過程中，勝少敗多，常常被趕得無處可去，雖然部下有關羽、張飛、趙雲等一流武將，但也難以挽回失敗的命運。到了新野後，遇到了水鏡先生司馬徽，才恍然大悟：自己的團隊建設是有缺陷的，那就是缺少出主意的軍師型人才，因此劉備才尋求智囊型的人才，一舉請到了徐庶、諸葛亮、龐統等當時一等的高人當參謀，才改變了被動的局面，贏得策略，最終三分天下有其一。

團隊可以增加組織管理的穩定性、長期性，可以應對組織經營環境的複雜性和動態性。團隊式領導是組織成為長壽組織的根本保障和重要機制，把組織興衰存亡寄託在一個超凡的領袖身上，是相當危險的。大量管理實踐的經驗教訓證明，一個由超凡能力者管理的組織，在這個超凡能力者離開後，常常讓組織陷入極其危險的境地，多少成長良好、前景廣闊的組織，因為個別核心人物的離開，而急速潰敗，甚至一夜消失。一家企業出現超凡能力的核心領導人物，既是這個組織的幸運，更是這個組織的不幸，因為超凡能力者的出現，的確能夠帶來組織的空前繁榮，組織成員的熱情、依賴甚至崇拜，都會凝聚巨大的力量，在短期內攻艱克難，打下

一片新天地；但超凡人物依靠的是自己的智慧和膽識，不是依靠團隊的力量，待他離去後，繼任者不可能像他一樣能有效地發號施令，強權人物所造成的空缺，無人可以填補，組織的危機將隨之到來。

據學者對世界上長壽公司的調查研究，發現大多數長壽型公司，創業者大都不是超凡型的魅力領袖，他們沒有個人的超凡能力，因而重視團隊建設、重視制度和公司文化，從而讓公司走上健康發展的康莊大道。反觀企業在超凡能力的企業家帶領下，一夜成名、氣勢非凡，大有席捲世界市場之心；但其中又有不少企業幾乎一夜之間土崩瓦解、煙消雲散、消失得乾乾淨淨，如耀眼的流星般劃過天空，讓人留下無盡的遺憾和思索。究其原因，他們沒有記住杜拉克的這句話──管理者的第一要務是建立一個有系統的團隊。

杜拉克認為，管理者的第二項要務是必須權衡目前利益與長遠利益。一般來說，管理者生活與活動於當前和未來的兩個時間之中，要對整家企業及其各個組成部分的績效負責。管理者所做的一切，必須既有利於當前業績，又有利於長遠目標的實現。杜拉克認為，退一步來說，管理者即使不能協調這兩個方面，至少也必須使之獲得平衡。他必須計算為了當前利益，而在長期利益方面所作出的犧牲；以及為了長期利益，而在當前利益方面所作出的犧牲。他不僅要做到兩害相衡取其輕，而且必須盡快彌補這些犧牲，也就是要能

夠協調當前利益與長遠利益。管理者必須懂得放棄，在一些情況下，為了長遠利益，必須放棄當前利益；而在另一些情況下，為了當前利益，不得不犧牲長遠利益。為了協調這兩者的關係，管理者必須具備放棄的智慧。

管理者的三項基本任務

杜拉克認為，組織中的管理者有三項基本任務：產生經濟績效、創造顧客和管理組織和員工。

一是產生經濟績效。杜拉克說，管理階層是經濟器官，是工業社會所獨有的，他們的所有決策和行動，都必須把經濟績效放在首位。經濟績效是管理階層的首要職能，透過產生經濟績效，管理階層才能證明自己存在的價值和權威。如果管理階層未能創造經濟績效，即便產生了大量對員工、社會的貢獻，也無法避免管理的失敗。經濟績效是檢驗管理成敗的最終標準。

企業的經濟績效是什麼？企業又該如何創造經濟績效？

杜拉克指出，傳統上認為每家企業的最終目標都是利潤最大化，但管理者應該明白，利潤不是企業存在的目的，它只是限制性因素，企業的問題不在於如何獲得最大利潤，而在於如何獲得充分的利潤。因此，企業中為了經濟績效而生的利潤動機以及「利潤最大化」理論，與企業的功能、目的以及企業管理的內容都毫無關係，這種錯誤的經濟績效觀，

只會把企業引向歧途，最終導致失敗。

經濟績效在於如何獲得充分的利潤，即如何獲得健康持久的發展，這必須追溯經濟績效背後的決定因素。在杜拉克看來，這種決定因素有兩個：一是對外，顧客決定績效；二是對內，企業員工的努力同樣決定績效。

二是創造顧客。杜拉克認為，企業的目的在企業之外，也就是「創造顧客」，即處理企業活動對社會的影響與承擔社會責任。

杜拉克對企業目的的界定，不是適應市場、滿足顧客要求，而是「創造顧客」。在他看來，企業是社會的經濟器官，其存在的價值與發展的動力，在於社會、在於市場、在於顧客。但市場和顧客不會由外力自發創造，而是由企業的管理者主動創造出來的。企業的管理者必須把顧客模糊的、渴望的需求確立出來、實現出來，因此，任何企業都有兩項基本功能：行銷和創新，透過行銷和創新，創造顧客，實現企業的目的。

三是管理組織和員工。杜拉克認為，管理者的一切工作成效要靠員工來實現，必須對工作進行組織，也必須對員工進行組織，使員工最有效率地工作。一個良好執行的組織、一個員工能充分發揮積極性、主動性的組織，管理常常是索然無味的，他說：「良性執行的組織管理，是興味索然的。」正如一個運轉正常的機器，不需要操作者過多無謂的干預一

樣，管理者在良性執行的組織管理中，可能就會成為索然無味的「閒人」。杜拉克說：「一個管理上了軌道的組織，常是一個興味索然的組織。」「一個平靜無波的工廠，必是管理上了軌道；如果這個工廠常是高潮迭起，在參觀者看來，大家忙得不可開交，就必是管理不善。」一個優秀的管理者，不用擔心自己「門前冷落車馬稀」，這恰好說明你的組織管理已在正軌上良性執行，要達到這種境界，必須對工作進行科學組織，對員工進行科學管理。

如何對工作進行科學組織？

首先，要轉變觀點。確立組織的目標，在一定程度上就在於讓平凡的人能做不平凡的事。優秀組織的標準在於：透過合理安排，使管理者順利完成任務；重視對未來企業發展的規劃；培育優秀的組織精神以激發員工的奉獻精神。

其次，要完善組織的結構。正確的組織結構是獲得成就的先決條件。完善組織結構時，要考量 4 個問題：組織應具備的各個部分；各部分間的結合、拆分；各部分的規模形式；各部分間的資源配置與相互關係。

最後，選擇合適的組織類型。杜拉克認為，不存在一種唯一正確或普遍適用的組織設計，每一家企業必須圍繞著適合於其使命和策略的主要活動來進行設計，設計時應考量的原則是：企業的現實情況；融入企業的使命和宗旨；結合使用多種組織形式。從總體上來看，組織結構形式有三大類：

以工作和任務為中心的組織設計（職能制結構和任務小組結構）；以成果為中心的組織設計（聯邦分權制和模擬分權制）；以關係為中心的組織設計（系統結構）。

如何激發員工的奉獻精神？杜拉克認為，激發員工的奉獻精神要做到 4 點。

一是將員工視為資源。把人視為資源，給予人與其他資源同等重要的關注，更重要的是，要弄清楚人與其他資源的不同之處，即每位員工都有自己的個性和權力，能夠掌控自己是否要工作以及做多少和績效的標準，需要管理者透過激勵、溝通、參與、領導等方法予以滿足。

二是將每位員工皆視為管理者。杜拉克說：「組織的每一個工作者都是管理者。」組織的每個員工，從高層管理者到最低階職員，都有雙重角色，既是管理者，又是被管理者，即便是最低階的職員，還具備為部門提供管理建議和管理好自身的管理者角色及使命。因此，杜拉克說：「並不是只有高階管理人員才是管理者，所有負責行動和決策，而又有助於提高機構工作效能的人，都應該像管理者一樣工作和思考。」杜拉克舉例，在游擊戰中，每個人都是管理者。實際工作中，管理者只能告訴被管理者應該做什麼、怎麼做，至於能不能做到或願不願意做到，以及做到什麼程度，則由被管理者決定。因此，必須讓被管理者參與管理，即視被管理者為「管理者」，因為他們掌握了工作績效的主動權，在

實際的管理工作中，必須讓每個人都認同管理的目標和理念，充分提升和發揮每個人主動參與管理的積極度，並自覺地為共同目標的實現做出努力。

三是有效的溝通。杜拉克認為：「管理離不開有效的溝通。」幾個世紀以來，我們都試圖做「向下的」資訊交流，但是，無論我們怎麼努力，這是行不通的。

它之所以行不通，首先在於它把重點放在「我們要說」上，這種溝通是單向的。所謂溝通，管理者不僅要說，更重要的是「聽」，要虛心聽員工的想法和意見。因此，若想進行有效的溝通，管理者應當注意：資訊交流必須從預定的資訊接收者開始，而不是從發出者開始。溝通從員工開始，在管理階層和員工之間，建立彼此溝通的知覺交點，管理者應當將溝通的重點放在那些能讓管理者和員工都有所感知的事情上，放在他們共同追求的事情上，爭取用最簡潔明確的語言，將自己的資訊向下傳遞。

四是在人事決策上客觀公正，並要求員工正直忠誠。一家企業從最初的創立、到壯大、再到輝煌；一個員工從勝任、到優秀、再到卓越，都離不開一種可以稱之為靈魂的東西 —— 忠誠。忠誠是每個員工必須具備的職業精神，是企業和個人成長前進的推進器。個人和企業一起成長，首先要從培養員工的忠誠開始。忠誠重於能力，是世界前 500 大企業和其他頂尖機構秉承的理念和價值觀，他們據此選拔和培育

了無數優秀的員工，打造出傑出的團隊。奇異公司前總裁傑克·威爾許說：「我們所能做的，就是把賭注押在所選擇的人身上，因此，我的全部工作就是選擇適當的人，並把50%以上的工作時間花在選擇人上。」

「沒有什麼比發現人才更令我快樂的事情了！」

「在GE公司，沒有人會因為失掉一個地區、失掉一個客戶或因為犯一個錯誤而失去工作……人們有第二次機會，還有第三次、第四次機會得到培訓和幫助，甚至可調換不同的工作類別，但有一種表現是沒有第二次機會的，那就是違反了GE的核心價值觀——忠誠。」

在惠普（HP），「忠誠」貫穿於員工們的全部行動。忠誠不僅是一種品德，更是一種能力，而且是其他所有能力的統帥與核心。一個員工喪失了忠誠，那麼其他的能力就失去了用武之地。

世界上最偉大的汽車業務員喬·吉拉德（Joe Girard）認為，想推銷汽車，人品比商品本身更重要。他在工作中認真對待、尊重每一位消費者。有一天，一位中年婦女從對面的福特汽車銷售商走進吉拉德的汽車展銷室，她說自己很想買一輛白色的福特車，就像她表姐開的那輛一樣，但是福特車行的經銷商要她過一個小時之後再去，所以先過來這裡來看一看。

「夫人，歡迎您來看我的車。」吉拉德微笑著說。

婦女興奮地告訴他：「今天是我 55 歲的生日，想買一輛白色的福特車送給自己當生日禮物。」

「夫人，祝您生日快樂！」吉拉德熱情地祝賀。隨後，他輕聲地向身邊的助手交代了幾句。

吉拉德帶領夫人從一輛輛新車面前慢慢走過，邊看邊介紹。在來到一輛雪佛蘭（Chevrolet）車前時，他說：「夫人，您對白色情有獨鍾，您看這輛雙門式轎車，也是白色的。」

就在這時，助手走了進來，把一束玫瑰花交給吉拉德。吉拉德把這束漂亮的花送給夫人，再次對她的生日表示祝賀。

那位夫人感動得熱淚盈眶，非常激動地說：「先生，太感謝您了，已經很久沒有人送禮物給我了。剛才那位福特的業務員看到我開一輛舊車，一定以為我買不起新車，所以在我提出要看一看車時，他就推辭說要出去收一筆錢，我只好到您這裡來等他。現在想一想，也不一定非要買福特車不可。」

後來，這位婦女就在吉拉德那裡買了一輛白色的雪佛蘭轎車。

對顧客說一聲「生日快樂」、注意到顧客對白色車情有獨鍾這個細節，對一名汽車業務員來說，似乎無足輕重，但

吉拉德卻能做得體貼入微，充滿愛心。

杜拉克認為，上述管理者三項任務的內在邏輯是：有了忠誠的員工，他會努力工作，就會創造和滿足顧客的需求，就會為組織帶來持久的經濟績效。

管理者的五項作業

杜拉克認為，管理者為完成上述任務，還必須把上述任務具體化為五項基本作業，即制定目標、管理組織、激勵和資訊交流、衡量考核及培養人員，這五項作業合起來，才能把各種資源綜合成為一個活生生的、成長中的有機體。

（1）制定目標：這項作業與杜拉克的目標管理思想相連，管理者必須決定目標應該是什麼、實現這些目標應該具備什麼條件，以及如何把這些目標細節化，在組織總目標之下，建構每個職能部門、每個層級，乃至每位員工的具體指標體系。這些目標體系在三個方面達成平衡：在經營成果與實現信念之間進行平衡；在企業的當前需求與未來需求之間進行平衡；在所要達到的目標與現有條件之間進行平衡。這說明制定目標絕不是一個簡單的問題，而是需要管理人員具備分析和綜合的能力，既能科學地分解目標，又能綜合、形成體系，圍繞總目標進行策劃和行動。

（2）管理組織：管理者為制定和實現目標，必須從事組

織工作。對工作進行分類，並把工作劃分成各項可以管理的活動，進一步把這些活動劃分成各項可以管理的作業。然後，把這些部門和作業組合成為一個組織結構，選擇人員來管理這些部門並執行這些作業。

杜拉克的這個思想，就是處理好體制、機制與用人的關係。體制是制度形之於外的具體表現和實施形式，也就是確定機構怎麼設立、許可權怎麼劃分、職責怎麼設置、關係怎麼確立……等問題，講的是結構。形成組織體制是依據工作任務分解，橫向部門化、縱向層級化，做到互相銜接、沒有重複、沒有遺漏，權責界定清晰，資訊溝通順暢，指揮統一。機制的基本定義是指機器的構造和動作原理，引申義指執行系統內外諸要素相互結合、作用、制約關係的總和。機制要解決的問題，是運用何種方式、採用什麼樣的方法，合理地配置資源、協調決策行為，以實現組織功能的問題。換句話說，就是解決運轉、協調、事情、流程……等問題，因此，機制是過程和程序。組織中主要的機制有決策機制、執行機制、監督機制、回饋機制，還有激勵機制、溝通機制、競爭機制、評價機制、協調機制、創新機制、用人機制……等。組織工作的最後一項任務，就是選人、用人，照體制中的職位需求選人，並建立選人、用人的機制。

（3）從事激勵和資訊交流的工作：杜拉克認為，管理者應透過激勵和資訊溝通，做好「人」的工作，發揮人的積

極度。雖然溝通和激勵本身不創造價值，但這兩項重要的活動，卻促進團隊和人員創造最大的價值。管理者在日常的管理實踐中，應透過各種方法，對員工進行激勵，並與下級、上級和同級之間經常進行資訊交流，其目的在促進個人績效的改善和團隊精神的形成，建立一種目標一致、利益共享的心理契約。這項作業需要管理者社會方面的技能，主要是正直的品格和綜合能力。

（4）建立績效衡量標準：杜拉克認為，有目標就一定會有績效衡量標準，否則就無法對是否達成目標做出判斷。管理者必須為每位員工確立業績衡量的標準，讓員工能明確達成目標，才能在行動中集中精力、高效率地工作。要制定科學的績效衡量標準，就需要管理者具備較高的分析和溝通能力，並能運用標準，對員工的實際績效進行分析、評價和解釋，讓員工心悅誠服地接受。需要注意的是，不能濫用績效考核，無論什麼樣的績效標準體系，都不是組織真正追求的目標，不能把績效一味地量化而忽視真正的目標，不能用績效標準從外部和從上面控制員工，只能用績效標準促成員工自我控制和主動行動。

（5）培養他人和自己：「培養」就是管理者當好教練這個角色，既培養別人，也促進自己成長。應該注意的是，管理者培養的，不是突出的個體，而是團隊，是建立學習型的團隊和組織，讓人才能夠大量地湧現，這需要管理者具備高

度的責任意識和正直的品格。為促進每個層級的管理者都能培養下屬，必須建立科學規範的機制，和衡量管理者合格與否的標準。即考核管理者是否照正確的方向培養下屬、是否幫助下屬成長，以此為獎勵和提升管理者的標準。在此過程中，管理者應該為下屬提供培訓、指導和鼓勵，提供多職位、有挑戰性的工作，以促進下屬的成長。對於出錯的下屬，也應該給予寬容，杜拉克說：「一個人越好，他犯的錯誤就會越多 —— 因為他會努力嘗試更多新東西。我永遠不會提拔一個從不犯錯、尤其是從不犯大錯的人擔任最高層的工作。否則，他肯定會成為一個工作平庸的管理者。」

管理者角色

1954 年，杜拉克在《管理的實踐》一書中率先提出「管理者角色」的概念，引發管理學界的廣泛關注和討論。目前，關於管理者角色的分類，主要有三種方法：

一是按管理者層級劃分為高、中、低管理者，來探討各層級管理者的職能、素養及培訓；

二是按類型進行劃分，典型的是 1960 年代末期，著名管理學家明茲伯格（Henry Mintzberg）提出的管理者 3 種類型、10 種角色，即①人際角色：代表人、聯繫者、領導者；②資

訊角色：監聽者、傳播者、發言人；③決策角色：企業家、駕馭者、資源分配者、談判者；

三是純粹分析管理者的技能，認為管理者有三大技能。

概念技能：指管理者理論思維和策略思維的水準，能夠具備「望遠鏡」和「顯微鏡」。所謂具備「望遠鏡」，就是站得高、看得遠；所謂具備「顯微鏡」，就是看問題比別人深刻、透澈。具備這種概念技能，可以準確地分析問題，有效地解決問題，這在當前對於任何組織的生存和發展，都是至關重要的。擁有出色的概念技能，能幫助管理者做出更科學、更合理的決策。顯然，概念技能是高階管理者必須具備和提升的重要技能。

人際技能：指管理者洞察人性、體悟別人情緒、情感及內心活動，與人共事、與人打交道、協調組織內外人際關係的能力。通俗地說，就是管理者的情商，也就是透過有效的、大量的溝通活動，在組織中創造一種和諧的氛圍，讓人感到安全，並能暢所欲言，從而有效地激勵和誘導組織成員的積極度、創造性，正確指揮和指導組織成員開展工作。人際技能對所有層級的管理者都很重要。

技術技能：指管理者掌握與工作職位相關的技能水準，以有效地從事技能性工作，並對員工的技能性工作做出有效的指導和監督的能力。技術技能對基層管理者至關重要。

綜觀杜拉克的管理思想，在管理者角色問題上，他傾向於綜合以上觀點，按管理者層級來分析其所應該具備的管理技能、職責和權力。

高層管理者的管理

杜拉克認為，高層管理者主要應該具備的素養和技能是 —— 清楚企業的目標、面臨的機遇和挑戰，能夠科學地制定企業的總目標、總策略以及企業的各項政策。具體來說，高層管理者應該做好 6 件事。

一是確定目標，制定策略。確定目標的前提是確立企業的使命，也就是仔細思索「我們的企業是什麼？」以及「應該是什麼？」這個重大問題。在此基礎上，依據目前的現實，為獲得未來的成果，而再做出策略性的決策，這樣的決策必須能夠平衡目前與未來的目標；能夠確立發展的重點、途徑和方法；能夠制定出資源合理配置的政策，以及決策的實施方案。

二是確定標準，樹立榜樣。標準是衡量組織成員績效的依據，也是實施獎懲的依據。有了明確的標準，員工的行動就有了參照，就可以找到實際工作與應該達到標準之間的差距，促進員工的自我管理和控制。榜樣是引導大部分員工前行的標竿和應該達到的標準，激勵員工不斷向先看齊。組織中最大的榜樣就是組織的高層管理者，他們的行為準則、價

值觀、信念⋯⋯等，為整個組織樹立了榜樣，也足以決定整個組織的精神。

三是培養接班團隊。組織想長遠發展，必須在人才的成長上有長遠的眼光和規劃，為未來培養人才，特別是為未來的高層管理，培養能夠擔負責任的接班團隊。要及早謀劃，讓具備潛力的人才接受多方面的鍛鍊、考驗，提升他們的綜合素養。

四是建立和維持重要關係。組織的存在和發展，需要與利益相關者建立和維持重要關係，如與重點顧客或主要供應商、政府相關部門、銀行、科學研究機構⋯⋯等的關係，這些關係對企業獲得成就具有極為重要的影響，只能由代表整個組織的高層管理者建立和維持。

五是積極參加各類活動、擴大影響，建立人脈關係。組織處在社會環境中，各種禮節性的活動、宴會、社交活動，需要高層管理者參與，當然對規模較大的組織，可以透過授權的方式，以減輕最高管理者的負擔。

六是必須有危機方案和預備機構及人員。當前，面對複雜多變而又動態的環境，必須為應對可能出現的重大危機而制定各種預備方案。高層管理者必須監督組織的執行，對出現的意外和突發危機做出正確的判斷，採取有效的決策和應對措施。

中層管理者的管理

中層管理者主要是指企業職能部門的負責人和企業分支機構的負責人，他們在企業中承上啟下、上傳下達，直接執行高層管理者的指令，貫徹高層管理者的重大決策，協調高層管理者與基層人員之間的關係，監督或協助基層管理人員及其工作，他們是企業的菁英分子和中堅力量。

杜拉克認為，中層管理者的數量寧可少也不要多，中層管理職位的設定應當是真正需要的職位，應該少而精、寧缺毋濫；在對中層管理者素養的要求上，應該維持高標準、嚴格要求。如果組織中的中層管理人員過多，就會破壞士氣，影響成就和滿足感，最終影響到工作績效。擁有少量中層管理者的扁平式組織，可以讓組織更加靈活機動、富有成效。

基層管理者的管理

杜拉克在基層管理者的管理問題上，主要有兩點。一是基層管理者的行動要確實，透過不斷提升自身的素養，把掌握的技能變為績效。需要注意的是，才能本身是潛在的，不是績效，因而處在組織的基層職位上，而又具有高超才能的人，如果沒有思索能為組織貢獻什麼，就很難獲得成功，也很難上升到更高的管理層級。這就是現實中為什麼有些才能突出者，往往難以獲得成功，導致終生碌碌無為的原因所

在。二是強調基層管理者眼界要高，胸懷要寬，能夠超出職位和工作的局限，從宏觀上考量能為組織發展貢獻什麼。

行銷組織的分層培訓

在不同層級上的管理者具有不同的職能，需要不同的技能。針對這種特點，對他們的培訓也需要區分層次，確立重點，提高培訓的針對性和有效性。我長期從事行銷工作，在多年經營與管理行銷組織的實踐中，深深體會到培訓體系的設計與制度的建設等，始終是讓企業管理者頭痛的問題，同時也產生了一系列的認知錯誤。這些錯誤及表現，主要是因為很多管理者認為培訓只是人力資源部的常規工作，對培訓在組織建設中所能發揮的核心功能往往了解不清。在目前行銷組織的培訓中，常存在以下兩種錯誤與現象：

一是形式主義，主要表現為：只重培訓的形式而不重內容；只重視培訓的量而不重視培訓的質；只重場面的壯觀而不重實際的效果；為培訓而培訓，誤認為只要進行培訓，就會獲得相應的效果。

二是教條主義，主要表現為：基本上照抄其他企業的培訓形式與方法，而不結合企業本身的實際狀況，無法形成特色的培訓方案體系與政策。

之所以產生以上失誤，其原因主要有四個方面：

一是策略目標與方向不明確。企業的各項組織管理工作，應始終以企業經營策略目標為軸心，沒有清晰的策略目標作指引，包括團隊建設與培訓在內的各項工作，會失去方向，高層的策略意圖也就無法透過培訓的方式有效地傳遞到中低階層。

二是高層管理者的重視度不夠。很多高階負責人，習慣對部屬採取放任態度，認為培訓只是人力資源部門的一項具體工作而已。由於高層不夠重視，可能帶來兩個問題：其一是整個組織自上而下無法形成重視培訓的氛圍；其二是培訓所需的資源與投入得不到保障，導致培訓工作的開展綁手綁腳。

三是中層管理者重視度不夠。由於對培訓認知上的偏差，一些部門的負責人，在行動上會表現出對培訓的輕視，覺得是負擔與多餘，進而會影響員工參加培訓的積極度與紀律。由於整個中層在培訓上的認知不統一，就會讓培訓的系統性與持續性帶來障礙與困難。

四是人力資源部工作不得力。主要表現在 3 方面：首先，缺乏將年度的培訓體系與同期的組織建設策略有系統地結合；其次，在培訓體系的設計上，不能將培訓對象與培訓教材、教師與培訓方式系統地結合起來，缺乏針對性；第三，培訓後，輕視對培訓效果的分析評估等工作，不能針對存在的問題進行及時的檢討與調整，提出改進措施。

1. 從思想上高度重視分層培訓

解決以上問題，首先要從思想上高度重視分層培訓，正確定位培訓在企業行銷組織中的地位、功用。

（1）培訓是企業策略發展方式的選擇。近年來，從各類企業的發展路徑與方式來看，可分為兩類：一類是透過捕捉機會與資源的投入，形成「量」的擴張；一類是透過經營模式的不斷創新，形成「質」的提升，卓有成效地維持營利的持續成長。從策略上來說，第一類企業將逐漸走向「紅海」，而第二類企業在走向「藍海」。從策略的高度重視培訓，逐漸建立科學培訓體系、加大培訓力度、培養企業自身的培訓管理專家、建立學習型組織，是企業策略良性發展的理性選擇，也是行銷組織健康成長與穩健壯大的前提和基礎。

（2）培訓是企業組織功能建設的基礎。隨著市場競爭的激烈，行銷策略往往存在極強的實效性。企業想持續創造輝煌，必須將行銷策略思想逐漸落實到組織形態上，並依賴組織功能長期與持續地建設，才能逐漸發育出競爭對手難以複製的核心競爭力。行銷組織的培訓，是行銷組織思想建設與組織建設的基礎工作，因此必須將培訓、規劃納入企業的策略層面去考量，逐年加大總體預算。世界前 500 大企業中，部分企業的培訓預算，甚至超過同期的研發預算，這充分反映出，培訓投入的力度與強度，已經成為某些企業後續競爭

力的重要來源，組織功能的持續建設，是企業未來發展的主
要動力。

（3）培訓是企業持續創新的系統工程。培訓對企業成長
的作用，如同中醫的養生哲學，是循序漸進的，是一項必須
長期堅持的系統工程。希望透過短期或速成的培訓來醫治或
解決組織功能與策略層面的問題，是不現實的。首先，由於
各企業所處的行業與發展時期不同，對培訓的具體要求也不
同；其次，企業的發展和成長，都有不同的階段，所以要求
整個培訓體系與時俱進，從形式到內容上都需要不斷創新；
再其次，企業外部市場、技術、政策、資訊網路等方面日新
月異的變化，也需要企業的培訓體系能有相應的、持續的創
新與發展。

2. 行銷組織分層培訓的實踐

行銷組織的培訓有其本身的獨特性，有別於生產、研
發、行政或財務等其他體系，因此，企業在制定培訓政策、
教材選擇、教師選擇與方式選擇……等方面，都需要因人、
因時、因地制宜，以保證培訓的針對性與有效性。

以下，先介紹基層行銷人員培訓的實踐。

（1）人員構成與培訓要點。基層是組成企業的基本細胞
與肌體，透過培訓提高他們的基本能力與素養，這是企業成
長的基礎。行銷基層人員的特點是：人數龐大、分布廣泛，

一般年齡偏輕，工作經歷與資歷相對較淺。培訓要點可以概括為「三心」：第一，使他們清晰與明瞭企業的總體策略方向與經營宗旨，統一思想，逐漸形成長期服務於企業的「忠心」；第二，使他們掌握與提升工作技能，提高工作效率，逐漸形成職業化的「專心」；第三，嚴格遵守公司規章制度與紀律，增強他們的工作「責任心」。

（2）培訓方式與方法。基層培訓採取的方式無非有兩種：第一種，定期大規模的培訓，主要指年度、半年度或季度舉辦全體或部分基層人員的大會，確立思想、傳播文化、提升個人技能，進行相關的大型培訓。第二種，日常小規模的活動。主要指企業用低成本的方式（例如網路或影視），利用就近或當地師資，進行短週期的培訓，內容主要側重於基本的技能與技巧。

實例一：A 企業是行業中名列前茅的機械製造公司，在進入分區市場之初，市占率較小，與主要競爭對手的市場份額相比，是 1：9。由於 A 企業的分區團隊剛剛組建，人員稚嫩、年齡偏低，基層員工技能水準低，甚至連口頭表達都不盡如人意，悲觀和消極的情緒瀰漫在團隊全體人員中。我們採取的培訓方式如下：第一，各辦事處一般有人員 5～8 名，每天早上提前 15 分鐘上班，選擇一本小故事集，每天 3～5 分鐘，由一人朗讀一則故事，然後由其他人發言 1～2 分鐘，以提高每位人員的口頭表達能力與思考能力。第二，由總部

115

提供教材與光碟，針對業務人員、技術人員和銷售輔助人員，利用晚上或週末時間，開展每週一次的專業技能培訓。第三，針對新市場，定期召開區域性的會議，匯總各類資訊、研究競爭策略、提煉市場拓展的語言要點與公關方案。經過 3 ～ 5 個月的持續培訓，效果明顯，業績持續上升，在 9 個月之後，與主要競爭對手的市場份額變成 3 : 7。又經過 9 個月，市場份額變成了 5 : 5，整個團隊士氣高昂。

實例二：B 公司經過多年的發展，業績連年持續成長，已成為該分區的大市場。份額成長最快的企業，由於競爭激烈，人才出現流失，一時間組織的凝聚力下降。為了統合整體行銷組織的思想，在年度總結時，他們會集體觀看相關電影，然後分組討論。每位小組成員必須發言，結合企業現狀，談個人感想。由小組長控制會場，弘揚正面觀點、理性分析反面的觀點，各小組意見匯總到大組後，再選拔代表，在大會上發言，並聘請大學相關專家輔助、參與指導。透過這次活動，讓大家更加客觀的了解到市場競爭、企業文化與個人成長的辯證關係，更理解公司對個人長期發展的正面價值。但培訓的關鍵是對影視作品主題的提煉與企業現實的系統性結合，當然，這就需要管理者在實踐中不斷地總結與歸納。

接著再介紹中層行銷管理者培訓的實踐。

（1）人員構成與培訓要點。中層管理者是企業的骨幹，

中層管理者的培訓，將決定企業的成長與穩定。由於個人的成長歷程不同，人才類型也不盡相同，往往由資歷型與青春型、實戰型與理論型、業績型與技術型……等人才組成。培訓的要點主要是形成「三力」：第一，增加組織「向心力」，提高他們對組織文化與經營宗旨的認同；第二，增強其「外功力」，主要提升他們對市場、競爭者與企業自身特點分析、判斷、歸納與決策的能力，具體展現於業績的持續提升與關鍵客戶的突破；第三，增強其「內功力」，主要提高他們對分公司或辦事處內部人員與資源的管理能力，尤其是管理與培育銷售團隊的能力。

(2) 培訓方式與方法。對中層管理團隊的培訓，是企業整體策略的重心，因此，必須引起高度重視。培訓的主要方式，採取每半個月或每個月召開行銷例會及相關活動來完成。行銷例會除了分析業績、總結教訓和經驗、鼓舞士氣之外，還有兩項重要任務：一是透過培訓與學習，提高管理者的綜合管理素養；二是透過溝通與交流，了解團隊狀況，加強管理團隊本身的情感與價值觀的認同。

具體的培訓方式，包括以下 3 個方面：第一，長期堅持對核心理論的學習。核心理論學習主要是對行銷類與管理類的基礎理論進行長期不懈的學習。在實踐中，我們推薦喬‧吉拉德、杜拉克等人的書籍。第二，集中性的思想教育與引導。第三，有針對性地進行個別思想交流與溝通。

　　透過學習與教育，使整個管理團隊在做人做事的基本原則上達成共識。在外勤與內勤、基層與總部、業務與技術，以及各部門、各專業的協調與合作上，形成共同的語言與默契。從長期來看，更有助於整體主管素養的持續提升。全球化與知識經濟的來臨，會使未來的競爭更加激烈，而未來企業競爭的實質，將是管理者素養的競爭。

　　實例：C 公司隨著分區的業務發展，培養年輕的「準中層團隊」已迫在眉睫。準中層團隊年紀輕、很有熱情，但管理人員往往沒有章法，為了迅速讓他們有管理者的「頭腦」與「五臟」，連續 7 次（每半個月一次）為他們進行一整天「管理者的七項技能」培訓。每次培訓後做三件事：一是透過小組發言與評定，評選出 3 ～ 5 名「最佳發言者」，並給予適當的獎品，以鼓勵他們深度思考、積極討論與勇於發言的表現；二是要求每人填寫一份「培訓意見表」，既評價講師（可能是內部管理者）的授課水準，也可對培訓的方式、內容提出意見與建議，以利培訓工作與時俱進、不斷改進；三是培訓後的兩天內，每人必須寫一份 300 ～ 500 字的啟示與小結，經所在分區經理審定後，報到總部人力資源部備案，以利總部從中分析當期的培訓效果。

　　透過上述學習，使他們了解到，過去那種僅靠忠於職守、任勞任怨、僅靠精準的專業知識與技能，是遠遠不夠的。這樣，可以在較短的時間內，讓他們建立起身為管理者

118

「卓有成效是管理的核心精髓」的理念。

最後再介紹一下行銷高層管理者培訓的實踐。

(1) 人員構成與培訓要點。行銷組織的高層管理者不僅是指行銷總經理，還包括策劃總監、財務總監、人力資源總監以及各大分區總監和專家顧問團隊。高層管理者自身的管理、成長與成熟，決定了行銷組織的整體培訓，行銷不僅僅是企業的一項專業職能，也是企業整體生存與發展的核心職能，正如杜拉克所說：「行銷與創新是企業兩種最基本的職能。」因此，行銷高層管理者本身的素養培訓，是培訓體系的核心，也是企業發展的未來希望與機會。

培訓的要點是在他們心中系統地建立起三種策略思維：一是策略格局與演進思維。這類思維是指身為行銷高層，必須對全國、乃至全球的經濟生態、對本行業生態及競爭格局，建立清晰的策略視野，並對本行業面臨的技術、網路與競爭模式的變化，有敏銳的直覺與感悟。二是策略的組織思維。這類思維是指行銷高層最終必然成為人力資源的專家與組織文化的建設者。三是個人的事業思維。是指由於企業成長與競爭的壓力，使企業的資源與關注點，會暫時過於集中在行銷層面上，短期的業績壓力對行銷高層的成長必然形成企業的短期「富貴病」。因此，行銷高層持續的事業發展與週期性的轉型，將影響企業未來的發展。

（2）培訓的方式與方法。培訓方式的選擇有兩點：第一，「走出去」，是指高層一定要走出去，這屬於策略投資，必須投入一定量的時間、金錢與精力。如去大學讀 MBA、EMBA 或培訓班，參加行業性或專業性的年會，參加自己感興趣的名師講座……等。第二，「靜下來」，是指高層管理者必須靜下心來，長期堅持系統地學習，透過反覆讀幾本好書或名著，逐漸提升自己在工商管理理論方面的偏好與涵養，並定期進行總結。在十幾年以前，日本各城市均有由企業家自發組織的杜拉克研究會和巴納德研究會，部分企業家圍繞著一兩本專著反覆仔細研讀，這充分反映出日本企業家對學習與自身成長的理性思考。

實例：D 企業銷售總經理 MBA 畢業後，同學各奔前程。此時，他正面對日常工作的壓力，奮力打拚，連以往每個月兩天的學習也被擠掉了，深感孤獨與無助。

為了能夠在實踐中不斷反思與學習，他召集部分對繼續學習有興趣的同學，組成定期的學習小組，人數控制在 5 ～ 8 名，大家每個月進行半天到一天的活動，主要內容有 2 個：第一，選一本共同感興趣的工商管理名著進行研讀，說出感想，每次只談一章或一節；第二，小組活動時，每人針對當前的管理難題，向大家提出 1 ～ 2 個問題，每人必須發言，時間控制在 5 ～ 10 分鐘內。透過討論與交流，小組成員共同分享相關行業的知識與見解，啟發每個人對業務與組織兩個

層面的領悟能力。經過一段時間的實踐，每個人都覺得獲益匪淺，與實際工作的開展相得益彰。

管理者卓有成效的五大支柱

杜拉克說：「管理者是企業最昂貴的資源。」如何管好管理者這個最昂貴的資源，杜拉克給出建議——必須卓有成效。因為現實中，管理者普遍都是才智高於常人、有很高才能、想像力豐富的人，但這些與管理者的卓有成效並無太多相關。事實是，有才能的人往往最無效，才能本身並不是成效，因而卓有成效的管理者並不多見。面對這種現實，管理者必須確立卓有成效的標準，以及如何做到卓有成效，那就是他們在實踐中都可以透過訓練，使他們工作起來能卓有成效。

在杜拉克看來，卓有成效的管理者具有的特徵：重視效果而不是效率，只重視目標和績效，只做正確的事情；懂得捨棄，只做最重要的事，且一次只做一件。現代管理者實質上是知識工作者，知道自己所能做出的貢獻在於創造新思想、遠景和理念，總是不斷地問自己——我能做哪些貢獻？

把出色的績效和正直的品格視為提升管理者的依據；重視增進溝通，有選擇地蒐集需要的資訊；只做有效的決策。

121

為了達到卓有成效，管理者必須進行培訓和學習，在五個方面努力，即善於管理時間、重視貢獻、發揮人的長處、要事優先以及做有效的決策。

善於管理時間

杜拉克首先分析管理者面對的現實問題是：管理者的時間屬於別人，不屬於自己，看起來是組織的囚犯，必須在日常運作中處理大量事務，不得不中斷正在進行的工作，停下來去處理緊急的事務。管理者是沒有自己時間的人，別人占用他們的時間，而往往被別人占用的時間，並不能對管理者的成效產生任何作用。這樣，管理者一天的時間就被分割為零散的時間段，無法集中使用，去處理能真正產生成效的事情。

杜拉克根據自己的觀察和研究，認為有效的管理者不是從著手工作開始的，而是從計劃時間開始的，從對時間的有效管理和使用開始。管理者如何有效地管理和使用時間，杜拉克認為做到以下 3 步即可。

記錄時間。雖然管理者都知道時間的重要性，了解時間的供給沒有彈性，無法儲存、無可替代、不可或缺，也知道要善於利用時間、不可浪費時間。但往往不知道該如何管理時間，其錯誤在於只是想當然地完全靠記憶來使用時間，而懶得動手仔細記錄下自己每天是如何分配時間的。因此，進

行有效時間管理的第一步，就是拿起筆來，或由祕書記錄當下工作的內容和時間，不能事後補記，以月分為分段。這樣堅持下去，半年後，管理者就會發現自己時間的耗費情況。採用這種方法的管埋者，往往在看到詳細的時間紀錄後，會大吃一驚，這與他們的記憶完全不同，他們發現自己的時間用得很亂，浪費在無謂的小事上，時間被分割得很鬆散，難以集中、整塊地利用。

管理時間。透過記錄時間發現自己利用的實際情況，然後進行診斷和管理，把非必要活動的事項和浪費的時間找出來，尋找解決的辦法。

如何找到非必要的活動呢？杜拉克認為，管理者要問自己 3 個問題。

一是「如果不做這件事，會有什麼後果？」如果答案是不會有任何影響，就說明這件事根本不必要做，做這件事完全是在浪費時間。

二是「哪些活動可由別人代替，又不影響效果？」對此類活動應該大膽授權，交由別人去處理。

三是向下屬請教「我常做哪些浪費你時間，又無法產生效果的事情？」這樣就可以消除管理者浪費別人的時間。

統一安排可以自由支配的時間。透過上述對時間的管理，管理者在消除浪費時間的因素後，還需要把零散的時間

段集中起來使用。集中自己的時間，整段用於處理真正重大的事務，才能提高管理的績效。

在管理者處理的事務中，按照重要性、緊急性來分類，有四種情況：

一是重要又緊急的事務；

二是重要但不緊急的事務；

三是緊急但不重要的事務；

四是不重要又不緊急的事務。

管理者很容易知道第四類情況不需要浪費時間。但失誤在第三種情況，把緊急的事務當成重要的事務來處理，結果整天忙於處理緊急事務。因為緊急事務產生的壓力，會讓管理者有「事務很重要」的錯覺，花很多時間來處理，反而忘掉那些真正應該關注的重要事務。因此，管理者在判斷情況類型時，不能依據緊急程度，而要依據重要程度來區分，當然並不是完全忽視事物的緊急程度，應依據事務的輕重緩急進行區分。

對管理者而言，時間是最稀有的資源，對時間的管理不會一勞永逸，需要管理者堅持上述步驟，方見成效。

重視貢獻

杜拉克認為，重視貢獻是管理者有效的關鍵。一個管理

者應該經常問自己：「對我服務的機構，在績效和成果上，我能有什麼貢獻？」如果能這樣做，即使他的實際職位低下，但其眼界和格局已是「高層管理者」，因為他考量的是整個組織的經營績效，他的注意力超出本身才能和所屬部門的局限，其所作所為與其他人顯著不同。

什麼是貢獻？杜拉克認為，貢獻的含義有三種：一是直接成果；二是樹立新的價值觀和對這些價值觀的重新確認；三是培養與開發未來人才。一個重視貢獻的管理者，往往有良好的人際關係，因為他們滿足了良好人際關係的四項要求：互相溝通、團隊合作、自我發展和培養他人。

管理者透過重視貢獻，就可以分清楚重要問題與緊急問題，就能夠跳出組織內部，而以組織外部的視野來觀察組織的發展、創造組織的成果。

用人之長

有效的管理者懂得組織存在的唯一目的，在於充分發揮人的長處，而不是只知道抓住別人的缺點和短處。一個只注意他人短處的管理者，證明其本身就是弱者，這樣的管理者，既影響自己目標的實現，又會為組織帶來巨大危害。

用人之長，包括用上級之長，用己之長，用下屬之長。那麼，如何用人之長呢？

杜拉克認為，對下屬用其所長，要堅持因事用人，避免陷入因人設事的陷阱。具體說來，要堅持以下四項原則。

一是把職位設定得合情合理。如果一個職位設計得只有完人才能勝任，那就應該重新設計該職位。判斷職位設計是否得當，就是看在該職位的人是否接二連三地都失敗了。都不能勝任的話，就說明這個職位肯定是常人無法勝任的職位，必須立刻重新設計，而不能為滿足職位要求，去尋找什麼天才來擔任。能夠「讓平凡的人做出不平凡的事」的職位，才是好的職位。

二是職位的要求嚴格，涵蓋要廣。現實中許多組織的職位設計，正好與此相反，職位設計過於具體，在變化的情況下，很容易造成完全不適合職位要求的情況，既不利於組織的發展，也不利於年輕員工的成長。使他們感到在此職位上不能發揮所長、潛力受到限制，因而喪失工作的熱情和動力，原因在於職位設計涵蓋太窄。

三是先考量人的素養，而不是職位的要求。管理者在針對職位擇人時，考量的往往不僅僅是職位的要求，而會仔細衡量這個人的條件，得出正確的猜想。衡量的內容無非是此人的潛力和績效，潛力代表未來可能的績效，是無法正確猜想的，應該猜想的只能是績效。評估的方法是：對照此人過去職務和現任職務的期望貢獻與實際貢獻，然後考量四個問題：哪方面他的確做得良好？哪方面他可能會做得更好？為

了充分發揮他的長處，他還應該再學習或獲得哪些知識？我
願意讓我的子女在他的指導下工作嗎？

　　這種評估方法中，所問的四個問題，前三個問題考量的
都是此人的長處，只有第四個問題要考量此人的缺點，如果
此人有能力，但品格欠缺，就不適合當管理者。

　　四是容人之短。杜拉克說，卓有成效的管理者知道在用
人所長的同時，必須容人之短。卓有成效的管理者明白「三
個臭皮匠，還不如一個臭皮匠」，因為三個臭皮匠，就會各
行其是。但重要的是發現人的長處，更重要的是絕不能覺得
少不了某人。如果出現少不了某人的情況，應堅決調離此
人。對於沒有突出表現的管理者，也應無情地調離，只有經
得起績效考驗的人，才是可以提升的人，這是用人的鐵律，
而不是斤斤計較此人的缺點。

　　對上級充分發揮他們的長處，就是有效地管理上司。杜
拉克說，用上司之長，就是問自己如下問題：我的上司究竟
能做什麼？他曾有過什麼成就？要讓他發揮他的長處，他
還需要知道些什麼？他需要我完成什麼？……透過問這樣
的問題，了解上司的長處，並以上司能夠接受的方式向其提
出建議，協助上司發揮其所長，這是促使管理者有效的最好
方法。

　　用己之長，就要問自己：我到底能做些什麼？我有什麼
樣的能力和工作習慣？我的個性特點是什麼？……透過這些

問題，有效的管理者就會找到充分發揮自己長處的機會，就會順應自己的特點，就會注意力放到自己的績效上，發展出適合自己的工作方式。

對於用人之長，杜拉克最後告誡說，管理者的任務不是去改變他人，而是運用每個人的才幹，讓每個人的才智、健康和靈感得到充分發揮，使組織的整體效益得到成倍的成長。

要事優先

杜拉克說，管理者有效的祕訣，在於集中精力做重要的事，而且最好一次只做一件，也就是集中個人所有的才能於一件要務上。這種做法看似慢，實則是加快工作速度、多出成效的最好方法。因為人都是有局限的，極少數的人在同一時間可以交替做好兩件事，但絕不可能有人同時處理好三件事。因此，對於絕大部分管理者來說，最有效的辦法都是集中時間、精力、資源於最重要的事務上。

如何集中精力於要務呢？杜拉克認為要做好以下兩件事。

一是擺脫失去價值的過去。管理者的一項具體任務，就是把今天的資源投入到創造未來中，需要及時擺脫過去的決策和行動。這需要管理者經常問自己：「如果我還沒有進行這項工作，現在我們該不該開始這項工作？」如果不是非辦

不可的事項，這說明這項工作已失去價值，應該把資源轉到別的機會上。管理者往往容易擺脫失敗的過去，而難以跳出過去成功的窠臼。成功的活動和經驗，演變成神聖不可侵犯的束西時，就成為管理者難以面對未來的最大障礙，因此最需要無情地加以檢討的是過去的成功活動，不能再為失去價值的過往活動浪費精力了。

二是確定先後次序的原則。依據什麼樣的標準決定處理事務的先後次序呢？通常人們會依壓力來確定，但以壓力為標準，必將喪失處理許多重大要務的機會，也會導致組織中的高層不肯做任何決定。因為壓力總是傾向於內部已經發生的事情，而忽視外部未來發展的機遇；傾向於近期的功利，而忽視長遠的重大事務。因此，必須找到合適的標準來確定事務的優先次序。實際上，這個問題理論上複雜，但行動上簡單，最重要的是勇氣，在有勇氣的基礎上，考量以下原則即可：

● 重視將來而果斷放棄過去；

● 重視機會而不能只看眼前的困難；

● 選擇自己的方向，走自己的路而絕不盲從；

● 目標要高、有創意，不能只求安全和方便。

有效的管理者往往不是他們的能力決定他們的成效，而是尋找機會的勇氣、集中精力於要務行動，使他們成為時間

和任務的主人，而不是奴隸。杜拉克 20 歲時，在法蘭克福最大的報紙金融和外交欄目做新聞記者，為掌握各領域的知識、成為勝任工作的記者，他逐漸養成學習新科學的習慣：每過三、四年就選擇一個新的學科領域進行了解，如統計、中世紀史、日本藝術或經濟學等，用 3 年的時間只了解一門學科，而且 60 多年來持之以恆，使杜拉克獲益良多，他說：「這種學習習慣不僅為我打下堅實的知識基礎，而且迫使我接觸新學科、新學說和新方法，因為我學的每一門學科都有不同的假說，並且採用不同的方法論。」

有效決策

有效的管理者，當然需要有效的決策，首先要確立決策的理念，即關於對有效決策內涵的正確認知。有效的管理者要做重大決策，要有關於決策的系統化程式、有明確的要素和一定的步驟，關注決策的結果，尤其是如何付諸行動。在整個決策過程中，最費時的不是決策本身，而是決策的實行，不能付諸行動的決策，充其量只是一種良好的意願而已。

有效決策決定企業的發展。

企業經營自己的品牌，首先要進行準確的品牌定位。行銷大師科特勒指出，品牌定位是設計公司的承諾或形象，從而可以在目標客戶的腦海中，占據首要和有價值的地位。從

本質上來說，品牌定位就是讓客戶信服該品牌的優勢，使該企業以其獨特的品牌形象在消費者心目中留下深刻的印象，使消費者注意到企業品牌有別於其他品牌的差別，使企業與消費者形成長期的、穩固的關係，從而使公司的潛在利潤最大化。

其次要確立品牌的核心價值。品牌的核心價值是讓消費者明確、清晰地識別並記住企業品牌的利益點與個性，是創造百年金字招牌的祕訣。

最後是形成品牌形象識別系統。當人們提到某一著名品牌時，頭腦中反映的不是簡單的產品名稱，而是聯想到一系列與該品牌相關的特性和意義，這就是企業的品牌形象識別系統帶來的效果。從經營者的角度來看，品牌形象被視為品牌資產的重要組成，同時它也是一種品牌管理的方法。經營者在長期的經營活動中，不斷主動賦予品牌形象定位，使品牌擁有與競爭對手不同的特殊意義和內涵。從消費者的角度來看，消費者對品牌進行感知和評價，在自己心目中形成品牌形象。在選擇某個品牌產品時，主要依賴於該品牌形象對自我需求的滿足程度，最終影響到他們所做出的購買決策。有知名度的品牌，如果沒有強勁的品牌形象來支撐，遲早會被大眾遺忘。要使品牌樹立起形象，就必須賦予產品某種個性、某種特徵，使其有血有肉，這樣才能引起消費者的注意。

　　品牌要贏得認可、獲取知名度，必須採取有效的品牌傳播方式，實現品牌與目標市場的有效連結，為品牌及產品進占市場、拓展市場奠定基礎。整合行銷傳播是一項由廣告媒介、公關、市場生動化等環節組合而成的系統工程。事實證明，大量的行銷廣告費只能促進短線銷售，無法累積品牌資產。公司要在不增加行銷廣告費用的前提下提升品牌資產，可以透過整合各類行銷傳播管道，最大限度地促進品牌的增值。整合行銷傳播的同時，強調與消費者進行平等的雙向互動溝通，清楚消費者的需求，把真實的資訊如實地傳達給消費者，並且能夠根據消費者的資訊、回饋，調整企業自身的行為。

第 4 章　目標管理

「企業的使命和任務，必須轉化為目標。並不是有了工作才有目標，而是有了目標才能確定每個人的工作。如果一個領域沒有目標，這個領域的工作必然被忽視。」

「經理人必須實施目標管理。」

「所謂目標管理，是指以目標為導向、以人為中心、以成果為標準，使組織和個人獲得最佳業績的現代管理方法。」

目標管理是杜拉克提出的最重要、影響力最大的管理理論。1954 年，杜拉克在他所著的《管理的實踐》一書中，依據泰勒的科學管理和行為科學理論，首先提出「目標管理和自我控制」的主張，認為透過目標管理，就可以對管理者進行有效的管理，由此逐漸形成一整套管理制度，成為現代管理學理論體系的重要組成部分，對世界各國、各行業的管理，產生了深遠的影響。

從利學管理到目標管理

杜拉克認為，泰勒的科學管理思想中，與目標管理最相關、最突出的貢獻有兩項：一是提出任務觀念。這種任務觀念就是目標管理的前觀念，任務在另外的角度上來說，就是目標；二是把計劃職能與執行職能分開，認為計劃如果與執

行混在一起，就無法執行。杜拉克對這個思想的評價是，「計劃不同於操作」是泰勒對目標管理的最大貢獻，其直接結果，就是目標管理。在泰勒之後所形成的科學管理學派發生轉變，逐漸從最初的任務管理走向重視組織目標的重要作用，為後面的管理學研究目標，提供了基礎。

以法國的管理學家法約爾（Henri Fayol）為代表的管理過程學派，把計劃視為管理的五大職能之一，計劃中包含著目標的制定。這個學派透過對管理過程和職能的研究（側重於研究組織職能），對個人目標與組織目標間的關係，有了新的認知，對目標的理解更加深刻。如尤偉克（Lyndall Fownes Urwick）認為，除非是為了一個共同的目標，否則就無理由要求人們進行合作，也無理由要把他們結合起來。管理過程學派還最早提出參與管理的思想，法約爾說：「參與將保證任何資源都不會無人管理，還將促使管理人員關心計畫。」對此，杜拉克曾經明確指出，管理最重要的任務就是「制定目標」，這是管理的核心。一個組織最根本的職能，就是要制定組織的共同目標，並組織成員，為實現組織的共同目標而努力，在最終實現組織目標的同時，最大程度地滿足個人的需求。組織有明確的目標，每個人也都清楚自己的目標，個人與組織、個人與他人之間能夠有效地協調、配合，組織才能獲得最大效益，全員參與管理，貫穿於目標管理的全過程。

杜拉克的目標管理理論與產生於 1920 年代的人際關係

學派，有直接關係。人際關係學派重視目標在管理中重要作用的基礎上，強調人在其中的決定性作用，他們對組織中人的假設，發生了根本性的變化。從科學管理理論中把人視為「經濟人」，轉變為「社會人」，提出了相關需求、動機和激勵等理論（如馬斯洛的需求層次論、赫茲伯格的雙因素理論）。特別是後者，探索如何把個人目標與組織目標結合起來，認為科學管理理論中的管理方法已經過時，無法激勵人們的行為。不能再假設人們的本性不願意工作，被迫工作的動機是為了獲取更多的經濟利益，而應該把人設想為願意工作、願意獲得成效，工作的目的是為了獲得多樣的滿足感，因此可以讓組織中的成員參與管理、共同制定出組織目標和個人目標，把傳統的控制式管理，轉變為員工的自我管理。對這些管理理論和觀點，杜拉克非常贊同，並吸收到他的目標管理理論中，強調發揮員工的才幹和熱情，重視人的能力和動力的發揮。

　　現代組織理論關於目標的思想研究，是杜拉克目標管理理論的雛形。組織理論之父巴納德（Chester Irving Barnard）透過對組織的研究，深化了對目標的了解。他高度重視組織共同目標的重要意義，認為這是一個正式組織必備的三大要素之首，組織目標有次序、隨著條件的變化而變化。在組織目標與個人目標的關係上，強調全員對組織目標認同的重要性，認為組織必須讓全體成員意識到實現組織共同目標對個

人的意義，他說：「組織成員合作意願的強弱，在相當程度上取決於組織成員接受和理解組織目標的程度。」組織中人與人的關係，是一種相互合作的系統。

杜拉克在綜合前人理論的基礎上，加以批判地借鑑，汲取精華，最終提出了完整的目標管理理論。他認為，目標管理是指以目標為導向，以人為中心，以成果為標準，使組織和個人獲得最佳業績的現代管理方法。目標管理由企業管理者與全體員工一起制定目標，這將決定管理者要做的事情、需要達到的標準，以及如何實現這個標準，目標的實施過程，由員工自我管理來實現。企業的各級主管，必須透過這些目標，對下級進行指導，以此來達到企業的總目標。如果每個員工和主管人員都完成了自己的目標，則整家企業的總目標就有可能達成。杜拉克的目標管理理論與前人的理論相比，具有重大的創造性貢獻。

以目標為中心的系統管理體系

此前的管理學家提出的目標，其思想是分散的，都認為目標是眾所周知、容易界定的，對目標的生成存在想當然的認知，且都把目標視為計畫的一部分，視為管理的一項職能。

杜拉克對目標的理解與他們不同。首先，他把制定目標視為管理的核心，認為管理就是制定目標。這是杜拉克對

目標管理的最大貢獻 —— 提高了目標在管理中重要性的認知，目標不是管理中的一項普通職能，而是核心，這貫徹於管理的整個過程；目標也不是計畫的一個組成部分，而是先於計畫的，只有在確定了組織目標之後，才能依此制定各種計畫。

其次，杜拉克認為目標也不是自動生成、顯而易見的，目標的確定是非常困難的，具有相當大的彈性、模糊性、不確定性。每個人對組織共同目標的認知和理解不同，對自己承擔的目標也不十分清楚，對目標的理解不深刻……要制定合理的目標，必須經過上下的一起努力，讓員工參與，才能形成。

最後，杜拉克認為，目標管理中最重要的理念，是基於合作的團隊式工作態度。組織中人與人之間的合作關係，會讓每個人在實現目標的同時，也完成了自己的責任，上下級之間、同級之間的合作，是實現目標的重要方法和途徑，也是目標管理要努力達成的效果。

引導管理者從注重過程到重視結果

目標管理的中心思想，是引導管理者從重視管理的過程，到重視結果的達成，這是杜拉克對管理的重大貢獻，他引導管理者，把管理的整個重點從工作過程的監控，轉移到績效上。杜拉克說：「只有這樣的目標考核，才能激發管理人員的積極

度，不是因為有人叫他們做某些事，或說服他們做，而是因為他們的任務目標要求他們做某些事（職位職責）；他們付諸行動，不是因為有人要他們這麼做，而是因為他們自己認為必須這樣做 —— 他們像一個白由人那樣行事。」

目標管理透過讓員工參與制定企業的共同目標和個人目標，增加員工對目標的理解，深刻認知自己個人的努力，對組織共同目標的貢獻，能夠有效地克服各部門、每個個體由於對共同目標的無知而導致本位主義、只關注自己的領域、缺乏合作而造成內部耗損的缺陷。從而能夠有效地配置資源，確立各層級、各類人員的責任權利。

目標管理從本質上可以使組織的各類成員都能根據目標確立自己的努力方向，透過自下而上的目標綜合，或自上而下的目標分解，可以把責、權、利相應地分解到各類人員，形成明確的目標體系，杜絕有利益的事相互搶奪、無利益的事相互敷衍塞責的不合理現象。在關乎組織成員利益的問題上，可以依據以實現目標的績效來加以評價、進行獎勵。杜拉克說：「評估必須基於績效。評估是一種判斷，總是需要有清楚的標準才能作出判斷；缺乏清晰、明確的公開標準而做出的價值判斷，是非理性而武斷的，會腐化判斷者和被判斷者。」透過目標對結果和績效的關注，就可以基於客觀的目標績效結果加以評估，減少評估中的主觀色彩，更能讓員工有例可循，更能彰顯公平。

強調參與管理、自我控制，重在激勵

目標管理自始至終都強調上下共同參與，從根本上來說，目標管理是參與管理，是一種自我控制的管理方法。員工在管理過程中，從被動地服從管理者的指令，變為主動地、創造性地發揮主觀能動性，在目標的引導下，尋找實現目標的最佳方法，也就是員工不再聽命行事、消極地等待上級的命令，而是以自由人的身分主動行動，擺脫壓力和上級行為監控，能夠最大限度地發揮潛力、最大程度地激發動力。杜拉克自己也曾說：「目標管理的主要貢獻在於，我們能夠以自我控制的管理方式來取代強制管理。」著名管理學家貝提（Jack Beatty）對此評價說，從根本上來說，目標管理的一個重要假設，是把管理者的工作由監控下屬，變成為下屬設定客觀的標準和目標，讓他們靠自己的積極度去實現目標。這些共同的衡量標準，反過來又讓被管理的管理者用目標和自我控制來管理。

杜拉克認為，每個層級的管理者的工作目標，是由他們對自己所屬的上級部門的目標績效所應付出的貢獻來確立的，上級對下屬制定目標，具有批准的許可權，組織中各級管理者的職責也是相互區別的。他指出，每位管理者必須自行發展和設定本部門的目標，當然高層管理者仍然需要保留最終的目標批准權，但提出這些目標則是管理者的職責所在。企業的宗旨和任務必須轉化為目標，管理者必須透過這

些目標來領導下屬,並以此來保證企業總目標的實現。

　　目標管理特別適用於對管理人員的管理,又被稱為「管理中的管理」。杜拉克從福特汽車公司瀕臨倒閉的案例中汲取了經驗教訓,他認為管理者必須實施目標管理,管理的原則是讓個人充分發揮特長、凝聚共同的願景和一致的努力方向,建立團隊合作,調和個人目標和共同福祉。唯一能夠做到這一點的,就是目標管理和自我控制。每個職務都要向著整個企業的目標,特別是每個管理人員必須以整個企業的成功為中心,管理人員預期獲得的成就,必須與企業成就的目標相一致,他們的成果由他們對企業所做的貢獻來衡量。

目標管理四個環節

　　杜拉克認為目標管理存在的前提,首先要有明確的目的、宗旨、使命、願景……等,在此前提下,目標管理分為三個階級:目標的制定、目標的實施和成果的檢測。

目標管理的前提

　　杜拉克認為,目標制定的前提,是確立企業的目的、使命、宗旨、願景……等。在掌握自身的目標之前,必須清楚企業的目的,它是目標建立的基礎。管理者只有在清楚企業的目的之後,才可能建立起正確而完備的目標體系,進行合

理的目標管理。目標管理是企業目的的具體實踐過程，而企業的目的只有轉化為目標管理，才可能得以實現。

　　管理者有必要提出「我們的企業應該是什麼？」這個問題。這就是企業的使命和目的，企業必然要在社會中實現自身價值，所以應當從企業的外部看企業自身的目的，即企業的目的在企業之外。杜拉克認為，使命是企業存在最重要的理由，它提供了一家企業存在的目的及其活動範圍等方面的資訊，它將企業與類似的組織相互區別。對企業目的唯一正確的定義，就是創造顧客，顧客是企業生存和發展的基礎，失去了顧客，企業就失去了生存的條件。

　　管理者還必須提出「我們的企業將會成為什麼樣的企業？」這個問題，這就是企業的願景（即企業所嚮往的前景），是管理者根據企業現有階段經營和管理發展的需求，對企業未來發展方向的一種期望、一種預測和一種定位。它更強調企業發展的方向和規模，代表企業將來的趨勢，指引企業的發展。願景的描述應能指明組織的奮鬥方向，並能充分結合組織使命和個人的價值觀，使絕大多數的員工都能產生共鳴，從而成為每個員工內心的願望，激勵他們付諸實踐。願景分為整合式、凝鍊式和影響式三種，整合式指的是管理者選擇願景相同或相近的人共同構築企業的願景；凝鍊式指的是管理者在溝通之後，凝鍊出共同願景；影響式指的是以個人願景影響企業，形成共同願景。

目標的制定

目標是根據目標管理的前提，而提出組織在一定時期內所要達到的預期成果，是對組織的宗旨、使命、願景的具體化。實行目標管理，首先要建立一套完整的目標體系。組織的最高管理階層要先制定出年度內組織經營活動要達到的總目標，然後經過上下協商，制定下級以及個人的分目標。組織內部上下左右各自都有具體的目標，從而形成一個目標體系。目標也可由下級部門或員工自行提出，由上級批准。下級要參與上級目標的制定工作。

杜拉克認為，制定目標的要求有四項：

一是能夠確立員工任務；

二是能夠指導企業分配資源；

三是能為企業創造效益和樹立品牌形象；

四是能夠衡量企業營運的結果。

杜拉克認為，目標應該是具體的、明確的、可衡量的、可檢測的、有時間限制的。有一則管理故事很好地說明了這一點：

有個學習保險銷售的同學舉手問老師：「老師，我的目標是在一年內賺 100 萬元！請問我應該如何實現我的目標呢？」

老師問：「你相不相信你能達成？」

他說：「我相信！」

老師問：「那你知不知道要透過哪個行業來達成？」

他說：「我現在從事保險行業。」

老師又問：「你認為保險行業能不能幫你達成這個目標？」

他說：「只要努力，就一定能達成。」

「我們來看看，你要為自己的目標做出多大的努力。根據比例，100 萬元的佣金，大概要做 300 萬元的業績，那麼一年 300 萬，一個月 25 萬，每一天差不多 8,400 元。」老師問：「一天 8,400 元的業績，大概要拜訪多少個客戶？」

「大概 50 個。」「一天要拜訪 50 個，一個月要拜訪 1,500 個，一年呢？就需要拜訪 18,000 個客戶。」

老師又問：「你現在有沒有 18,000 個客戶？」他說沒有。「如果沒有的話，就要靠陌生拜訪。你平均一個人會花多長時間呢？」

他說：「至少 20 分鐘。」

老師說：「每個人談 20 分鐘，一天要拜訪 50 個人，也就是說每天要花至少 16 個小時在與客戶交談，還不包括路途時間。請問你能不能做到？」

他說：「不能。」

可見，目標不是孤立存在的，不是空想的，必須滿足上述要求才有意義。

杜拉克還提出，組織設立的目標應有預見性。目標管理體系中的目標是多樣的，各類、各級目標能夠構成一個相互連結的網路，各目標應相互協調。對工商企業而言，目標主要有以下 8 個：

（1）市場目標。杜拉克說，對企業來說，市場目標意義重大。所謂市場目標，就是指企業要在市場上占有什麼樣的地位、占有什麼份額、構成什麼樣的影響力。這個目標指引企業去謀劃其在市場中的各項行銷和創新行動，並對企業的存亡產生決定性的作用。一家企業必須決定在市場的哪個部分、哪種產品、哪種服務專案、哪種價值上成為領先者。管理者要追求適度的市場目標，不能把市場目標定得過高或過低。目標過高，就會使企業承擔高風險，不容易實現，即使實現了高目標，獲得了市場的優勢地位，也未必是最明智的，未必會帶來好的結果；反之，目標過低，就無法激發員工的挑戰欲望，還會造成資源的浪費。

（2）生產率目標。杜拉克認為，生產率是衡量企業效益的重要參考指標。生產率意味著企業對資源利用效率的高低，因為它代表了相同的投入下，不同的產出，代表了各種資源的利用率。生產率是一個核心的概念，一家企業如果沒有生產率目標，就沒有方向；如果沒有生產率的衡量，就沒

有控制。在追求生產率目標的過程中，應時常對生產率進行衡量，將實現的程度和預計的目標進行對比，以此對企業的未來發展探索更多的啟示；但同時，生產率又是一個難以確定的概念，因為任何目標的實現都應當是員工共同努力的結果，而員工努力的意願及程度，是實現生產率目標的決定性因素。所以，提高生產率的關鍵在人，卓有績效的管理者，應不時地提醒自己這一點。

（3）創新目標。以創新為重點的目標體系，其特點是以新技術、新產品、高品質等為目標，保持或爭奪行業領先地位。為此，要求以新產業組合、新產品開發、人力資源開發等作為保證和支持性的目標。

（4）人力資源目標。公司在人力資源方面的目標，應包括人力資源的獲得、培訓和發展；管理人員的培養及其個人才能的發揮……等內容。

（5）財務和物質資源目標。即財務與實物資源獲得和占用方面的目標，企業應說明它如何獲得這些資源，以及占用多少。

（6）技術改進和發展方面的目標。公司在技術改進和發展方面的目標，應對改進和發展新產品和新服務、削減成本、提高效率……等設立目標。

（7）社會責任目標。公司在社會責任方面的目標，應注意公司對社會產生的影響及回報。

（8）利潤目標。公司在利潤方面的目標，應確立企業給業主的回報率和經營效益的大小。

杜拉克特別強調，在這 8 個目標中，特別要注意利潤目標，如果只是一味地強調企業利潤，就會誤導管理者，甚至危害到企業的生存。對新企業來說，應該去關注現金流、資本和控制，因為新企業成長需要更多的財務資源，而不是消耗所獲不多的利潤。利潤對企業到底意味著什麼呢？杜拉克認為，利潤只是結果，是用來滿足生產的，利潤率是企業經營的限制條件，利潤不是目的。

目標的實施

杜拉克認為，在目標的實施過程中，主管人員應放手把權力交給下級成員，而自己去抓重點的綜合性管理。完成目標主要靠執行者的自主管理。上級的管理主要表現在指導、協助、提出問題、提供情報以及創造良好的工作環境。

成果的檢驗

杜拉克認為，對各級目標的完成情況和獲得的結果，要及時進行檢查和評價。首先定出檢查時間，然後在到達預定期限後，上下級再一起對目標完成情況進行考核。應注意的事項是：本人對完成後的結果要進行自檢；對本人的自檢，

上級必須與員工進行商談；要以一定形式（如獎懲）與成績評價結合起來。

　　凡按期完成目標任務、成果顯著的部門和個人，應給予表彰和獎勵，以便進一步改進工作、鼓舞士氣，為下一期的目標管理而努力；對不按期完成目標任務的部門和個人，給予必要的批評和懲罰，甚至在職務上給予降級。但在成果評價時，要根據目標的完成程度、目標的複雜程度以及工作的努力程度，將結果分為四個等級。一般先由執行者進行自我評定等級，經過評議，最後由上級核定。

目標管理的評價

目標管理的優點

　　一是為管理工作指明了方向，有助於提高管理水準。管理的本質是為了達到同一目標而協調各種資源所做的努力過程，如果缺乏明確的目標，管理就會迷失方向。因此目標的作用，首先在於為管理指明方向，讓各項管理工作圍繞目標來開展。

　　二是凝聚成員。目標管理可使主管人員把組織的作用和結構弄清楚，從而盡可能地把主要目標所要獲得的成果，落

實到對實現目標負有責任的職位上，從而有效地消解組織目標與個人目標潛在的衝突，增加組織的凝聚力。

三是有利於提升人們的積極度、創造性和責任感。目標管理讓人們不再只是工作、執行指導和等待指導與決策，他們都是有著明確目標的個人，能夠自覺地發揮能動性、創造最佳業績。個人在達到目標後，會產生成就感和滿足感。

四是有利於進行更有效的控制。管理控制的主要問題之一，是要懂得如何進行監督，而一套明確的可考核目標，就是管理者了解如何進行監督的最好指導方式，為考核管理人員和員工績效提供了客觀標準。

對目標管理的批評

由於對目標管理存在著誤解，因而目標管理受到一些管理學家的批評。率先批評杜拉克目標管理的是美國著名心理學家、管理學家馬斯洛，他認為目標管理有三大問題。

一是前提錯誤。馬斯洛指出，目標管理的前提是基於「有責任感的人」這個假設，但這個假設違背了人的基本特性，他說：「如果我們有一些進化良好的人能夠成長，並且急切地要求成長，那麼在這樣的地方，杜拉克的管理原則好像就很不錯。這些原理是有用處的，可是也只能在人類發展的上層才能奏效。」換言之，在馬斯洛看來，人有五個層次

的需求，生理的、安全的、愛的、自尊的、自我實現的，只
有在自我實現的層次上，才是杜拉克目標管理的前提，而這
個層次在現實中是很少存在的。

　　二是目標管理是「理想管理」。由於目標管理的前提確
立在完全成熟的人的基礎上，因而杜拉克目標管理的對象，
只能是那些在心智上符合成熟標準的、相對優雅的和善良
的、有德行的人。

　　三是目標管理完全忽視了普遍惡行的存在。馬斯洛認
為，現實中存在的邪惡、病態，被杜拉克完全忽視了，對於
這類人，目標管理是根本無效的，把目標管理當作一種普遍
原則來使用，是錯誤的。

　　對此，杜拉克認為，如果一位管理人員一開始就假設人
們是軟弱的、不願承擔責任的、懶惰的，那他就會得到一些
軟弱的、不願承擔責任的、懶惰的人；反之，如果管理人員
一開始就假設人們是積極的、向上的、願意努力工作並承擔
責任的，結果無非是會有一些失望，但這正是管理人員的
道德和職責所在。因而，管理人員必須從一開始就假設管理
對象是有責任感的人；其實，這正是杜拉克一生追求和研究
的目標，倡導企業應該培育有管理能力、有責任感的工人和
一個自我管理的工廠社群，強調工人只有以管理者的姿態來
看待企業和工作，他們才能意識到自己的職責。因此，杜拉
克說：「不管員工想不想承擔責任，公司都應該要求他們承

擔。」透過賦予員工責任和權力，促使員工自我成長，自覺地對抗那些錯誤的觀念和行為。

對杜拉克目標管理提出強烈批評的，還有美國著名的品質管理大師戴明。他批評目標管理只重視結果而忽視過程，會導致員工不擇手段達成結果；重視短期而忽視長遠，會導致企業為了短期結果危害長遠利益和持續發展；重視目標的量化而忽視不可量化的指標的重要性。戴明把目標稱為「定額」，對此他批評說：「定額是改進品質與提升生產力的一大障礙。我還沒有見過任何一家公司在確定定額時，會同時建立一套幫助員工改善工作方法的系統。」甚至，戴明還把目標管理嘲諷為「就像是交通警察每天都要開出一定數量的違規罰單」。就連戴明的追隨者斯科爾特斯（Peter Raymond Scholtes）也挖苦杜拉克的目標管理，他說：「目標管理法多少只能算是『心想事成』的夢想清單，無異於我們兒時聖誕節前或生日時的祝願。老闆這麼說，我有些心願，現在你要負責將它們實現。」

此外，在管理的過程中，不少管理者也對目標管理提出了批評，主要批評的觀點有以下幾個方面：

一是認為適當的目標不易確定。真正可考核的目標是很難確定的，特別是有些目標難以定量化。

二是容易確定的目標一般是短期的，長期目標難以確

定。強調短期目標的弊病是顯而易見的，可能會使短期目標
和長期目標脫節。

三是目標確定後變更困難。目標是面向未來的，制定後
還會不斷進行調整，而目標的改變可能導致目標前後不一
致，從而為目標管理帶來困難。

四是目標管理理論還沒有得到普及和宣傳，在目標管理
的執行和評估中，難以有效地發揮作用。目標管理看起來很
簡單，但要把它付諸實施，還需要對它進行充分的了解與
認知。

目標管理的應用原則

嚴格來說，上述對杜拉克的批評是不公正的，是誤解了
杜拉克的目標管理理論，因而有些管理學家說，目標管理是
杜拉克被其他管理學家誤解最深的管理概念之一。倫敦商學
院的琳達‧格拉頓（Lynda Gratton）教授說：「這個概念已完
全扎根於每個組織中，儘管目前目標管理或許更多的是受數
據驅使，這並非杜拉克當初想看到的。」把目標完全量化，
恰恰是杜拉克所極力反對的，因而對杜拉克目標管理的應
用，應該堅持以下原則：

首先，完整準確地理解杜拉克的目標管理理論。杜拉克
曾說，目標管理改變了經理人過去監督部屬工作的傳統方

式，取而代之的是主管與部屬共同協商具體的工作目標，事先設立績效衡量標準，並且放手讓部屬努力達成既定目標。此種雙方協商、彼此認可的績效衡量標準模式，自然會形成目標管理與自我控制。目標管理的提出，是想除去監督式管理的局限，把人們從泰勒的壓制式科學管理中解放出來，從而建立一種自由的、能夠發揮員工積極性、主動性和創造性的管理方式，從而更能達成組織目標。這種理念既代表管理的發展方向，又代表人類社會的發展方向。

其次，結合企業的實際情況靈活運用。有的管理者在實踐中意識到，杜拉克的目標管理必須在實踐中結合公司的實際情況靈活運用。美國奇異公司在採取目標管理後，結合公司的實際情況，成功地改造了目標管理；威爾許在執掌奇異期間運用目標管理，關注到目標管理的核心是人員作用的發揮，即如何促使員工增加價值、超越目標，也就最大限度地利用了目標管理。

最後，克服在目標管理上的錯誤認知。目前，有些管理者認為目標管理早已落後，思想上存著輕視的態度，對目標管理不屑一顧。事實上，只要企業還沒有改變其營利組織的屬性，目標管理就仍然是企業經營管理中最有效的基礎管理方法之一，是管理人員技能提升的主要內容。

目標管理的成功運用 —— OEC 管理法

OEC 管理法是目標管理的創造性運用。它創立於 1989年，創造性地綜合了目標管理和科學管理的理論和方法，是一個完善、有效、系統的管理方法。

OEC 管理法是以下英文第一個字母的縮寫：

● O —— Overall 全方位；

● E —— Every（one，day，thing） 每 人、 每 天、 每件事；

● C —— Control & Clear 控制和清理。

OEC 管理法也叫「日日清」管理法，其含義是全方位地對每人、每日所要做的每件事進行控制和清理，今天的工作今天必須完成，今天的效果應該比昨天提高，明天的目標要比今天的目標還高。

OEC 管理法由三個基本框架 —— 目標系統、日清控制系統和有效激勵機制組成。

一是目標系統。目標展現了企業發展的方向和要達到的目的。目標的實施，首先是將總目標運用目標管理的方法，分解為各部門的子目標，再由子目標分解為每個員工個人的具體目標值，從而使整個部門的總目標落實到具體的負責人身上。目標的建立有以下幾個重要特徵：

（1）指標具體，可以度量。如在品質管理上，小到一個門把的釘子都有明確規定。

（2）各項工作都按標準進行分解，明確規定主管、責任者、配合者、稽核者、工作程序、材料，從而做到企業內的每件事都有專人負責，使目標考核有據可循。

（3）企業中的每件物品（大到一臺裝置，小到一塊玻璃）都規定具體的負責人，並在每件實物旁邊明顯標示出來，保證物物有人管理。

這個目標系統就保證企業內所有工作、任何事情、任何物品都處於有序的管理控制狀態。企業內的所有人員——上至總經理，下至普通工作人員，都十分清楚自己每天應該做什麼、做多少、照什麼標準去做、要獲得什麼樣的結果，從而保證了企業各項工作的目的性和有效性，減少浪費與損失。

二是日清體系。日清體系是目標系統得以實現的支持系統，日清體系最關鍵的環節是複審，透過複審隨時發現問題，如果連續發現不了問題，就必須提高目標值。

三是激勵機制。激勵機制是日清控制系統正常運轉的保障條件。激勵的目的是向自主管理邁進，且在激勵上採取公平、公正、公開的原則。每天公布員工每個人的收入，使員工心理上感到相對公平。薪資要有合理的計算依據，並且根據技術等條件的變化不斷調整，從而使工作與品質、報酬直接相關，多勞多得。

OEC 管理法的實施，使企業每天的事都有人管，做到控制不漏項；所有人均有管理、控制的內容，並依據工作標準，對各自的控制專案照規定的計畫執行，每日把實施的結果與預定的計畫指標進行對照檢查、總結，達到對事物全系統、全過程、全方位地控制，確保事物向預定的目標發展。

這種管理方式有效地解決了工作中出現的問題，具體展現在三個方面。

(1) 提高管理科學化程度。OEC 管理方法追求工作的零缺陷、高靈敏度，將過去每月對結果的管理變為每日的檢查和分析、對瞬間狀態的控制，使人、事、時、空、物等因素不斷優化，把管理問題控制、解決在最短時間、最小範圍內，使經濟損失降到最低，逐步提高管理的科學化程度。

(2) 提高員工的責任感。OEC 管理法透過每天進行的整理、整頓、清掃和清理，使全體員工養成了良好的工作習慣，培育了企業高素養的員工團隊，所有員工都以追求損失最低、收益水準最高為目標。

(3) 增強企業激勵機制。OEC 管理法對員工按日進行7 項日清考核；在人才成長上，全部實行公開應徵、公開競爭、擇優聘用；在獎勵上，對個人、對團體都設有激勵作用的激勵機制，大大提升全體員工奮發向上、追求卓越的積極性。

第 5 章　決策管理

「有效地做出決策是管理者分內的事。」

「決策是一種判斷，是若干項方案中的選擇。所謂選擇，通常不是『是與非』間的選擇，至多只是『似是與似非』中的選擇。而絕大多數的選擇，都是任何一項方案均不一定優於他案時的選擇。」

「有效的管理者不做太多的決策，他們所做的都是重大的決策。」「最重要的是，優秀的決策者知道，決策有它自己的過程和明確確定的要素和步驟。」

「管理者要常問自己的一個問題也許就是，決策真的有必要嗎？因為有一種選擇就是什麼決策也不做。」

「除非有不同的見解，否則就不可能有決策。」

「任何解決方案都必須有效地實施。」

「管理者在執行決策過程中要做到：積極地與員工溝通；積極地激勵員工。」

組織中每天發生各式各樣的事情，都等待著管理者做出決策，決策在組織的管理中產生決定性的作用。管理者如果頭痛醫頭、腳痛醫腳，表面上看似是做出了很多決策，但事實上卻被「瑣事」牽著鼻子走，而毫無「有效性」可言。杜拉克一生在世界各國的企業中擔任管理諮詢顧問，經歷企業決策無數，對管理者在制定決策中經常犯的錯誤和管理者應該如何做出有效的決策，有精闢獨到的見解。杜拉克的決策

思想告訴管理者，如何才能在組織中形成一個良好的「決策秩序」，使管理者能夠集中精力做最重要的決策。杜拉克關於決策的思想，完全是從一個決策者在實際工作中「如何做出決策」的角度山發的，而不是學術研究。

預測是決策的前提條件

杜拉克認為，決策的前提是科學的預測。他說：「企業經營者別無選擇，只有預測未來的發展，並試圖塑造未來，在短期和長期目標間獲得平衡。」企業的經營決策通常都是長期決策 —— 一般都在 10 年以上，每個重大的經營決策，通常都要在較長時間後才能顯現出效果，因而今天的決策決定明天的成果，為了科學、有效地決策，必須科學地預測。

預測就是預判加推測

通常所謂的預測有兩類：一類是憑藉直覺進行預測，這類預測對於較長時期的發展只能算是猜測，少有根據，帶有像賭博、下注的性質。另一類是基於系統知識的猜測，依靠科學的預測方法，對事物的客觀發展趨勢做出理性的評估後進行的推測。因此，科學的預測就是預判加推測，是指在資訊數據的基礎上，透過分析判斷、綜合歸納，得出客觀事物發展變化的趨勢、形態、影響力等的過程。

預測的流程

依據杜拉克對預測的分析，要達到正確的預測結果，就要遵循正確的程序。

一是明確預測目標，就是確立預測對象和任務要達到什麼樣的目的。比如，進行軍事作戰預測，就要對戰場各種情況進行判斷，預測出敵我雙方兵力部署、作戰意圖、動用裝備……等。沒有明確的預測目標，預測就會失去方向，無法達到預期的目的。

二是選擇預測方法，包括定性方法、定量方法、定時方法等。不同的預測目標，應該選擇不同的預測方法，才能獲得良好的效果。比如，對於急迫的作戰任務，預測一般採取定性的方法；而對於技術工程而言，多採取定量方法等。

三是蒐集相關資訊。資訊是分析判斷情況的依據，資訊品質越高，預測的準確度就越高。主觀臆斷、毫無根據的預測，只能是「胡猜亂想」，談不上科學預測。資訊包括政策、技術、情況等多個方面。

四是做出預測結論，就是在分析判斷的基礎上得出相關結論，為管理決策提供依據。做出預測結論必須謹慎小心，要有一定的權威性，因為它影響到決策的正確性。

五是運用預測資訊，服務於決策活動。

預測的三種方法

杜拉克認為,預測不能依靠所謂的經濟週期。經濟和社會的發展有所謂的經濟週期,但我們該怎樣判斷我們處於經濟週期的哪個階段、又該如何應用呢?因此,利用經濟週期只是一種美好的願望,根本無法實施。企業真正需要的,不是猜測目前處於經濟週期的哪個階段,而是運用預測方法進行合理的推測。具體預測方法有 3 種,都很有效。

第 1 種是依據過去的經驗進行判斷。從過去的經驗中,推測可能遇到的各種可能性,並檢驗目前的經營決策,這是一種最普通的預測方法。

第 2 種是透過已經發生的重大影響事件來預測。衡量問題的重心,是已經發生的、不具有經濟意義的事件,不是猜測未來,而是找到影響未來發展的重大事件及發展趨勢,這是一種重大要素分析預測法。

第 3 種是趨勢分析法。杜拉克認為,第二種方法試圖探究未來事件為什麼會發生,但我們無法確定發生的可能時間,而且也不能單獨運用基本要素分析法。運用趨勢分析法,可以解決事件在未來發生的可能性和時間問題。趨勢分析法就是找出企業發展的獨特趨勢,以趨勢來推斷未來。

杜拉克的 3 種預測方法可以綜合使用,避免單一方法的局限性,這樣就可以理性地推測,避免盲目猜測,這種理性

推測建立在以下原理的基礎上。

一是延續性原理。事物的發展具有慣性、規律，在從過去 —— 現在 —— 未來的發展時間長河中，如果沒有外力的干擾，事物的發展一般不會突然中斷，總是沿著一定的軌跡運動的。

二是因果性原理。當客觀條件發生變化時，其預測結果就會有一定的變化，所以預測是對各種條件，尤其是主要條件變化的預測。企業中的員工能否安心，取決於下列基本條件的滿足：是否有事業的吸引力；是否有一定的待遇；是否有學習進修的機會；是否有科學的管理；是否有優秀的團隊。透過上述五個主要條件的滿足與否，基本上就可以預測到員工的穩定程度。

三是相似性原理。任何事物都有可比性，別人發生的、自己過去發生的，都能夠作為預測今後情況變化的參考。

四是可能性原理。可能性蘊含在現實性中，透過對現實性的分析，可以描述情況的可能性大小。

因此，要做到科學預測，就要掌握已知、預測未知；分析量變、預測質變；利用偶然、預測必然。

預測的基本要求

根據杜拉克關於預測的闡述，可知要做到科學的預測，須堅持以下幾個基本要求。

　　一是預測要科學。必須要有科學態度、科學方法、科學工具。預測不是亂猜，而是依據科學方法、充分數據、豐富經驗的分析判斷，所以必須要先有科學的態度和方法。

　　二是預測要超前。必須在問題發生前和做出決策前進行，預測的價值在於能夠讓人們提前準備，所以它的超前性是重要的保障，但這個超前性是有限度的，因為隨著時間的變化，各種情況也在不斷地發生變化；如果提前時間太長，那麼預測的準確性就會受到影響。

　　三是預測要確實。必須堅持實事求是，不得苛求。預測是對未來情況的判斷，是人們主觀能動性的發揮，雖然有科學方法、充足數據和豐富經驗，但情況變化往往不以人們的意志為轉移。所以對預測準確性不能要求太高，否則誰也無法實施預測了。

　　四是預測要全面。必須進行利弊分析，對可行性與不可行性進行論證。預測包括有利於工作開展的因素、不利於工作開展的因素，也就是我們經常講的可行性因素和不可行因素並重。在管理工作中，很常進行可行性預測，卻很少進行不可行預測，所以這種預測是不全面的，應該注意克服和糾正。

　　五是預測要自覺。經常分析判斷情況應該成為管理者的自覺行為。

決策的要素與步驟

杜拉克認為，決策就是在預測的基礎上制定若干項方案，對這些方案做判斷和選擇、並加以實施。決策活動中最重要的是：「優秀的決策者知道，決策有它自己的過程和明確確定的要素與步驟。」

在 1954 年出版的《管理的實踐》中，杜拉克把決策分為六個步驟，在《卓有成效的管理者》（*The Effective Executive*）一書中，杜拉克提煉出決策的五要素。根據杜拉克的基本思想，本節著重對決策的要素與步驟進行整理。

從見解出發

何謂見解？見解就是「對事物的認知和看法」，事物的意義是被人的見解賦予的。人們從自己的主觀知識或價值出發，賦予事物不同的意義，形成不同的、關於事物的「事實」，見解是人們判斷事物為何種「事實」的出發點。杜拉克認為，必須鼓勵人們提出不同的、新的見解；如果沒有不同的見解，則無須決策，只有產生不同的見解，才能有決策。

決策的第一步就是從見解出發，區分必要決策和不必要

的決策。不必要的決策不僅浪費時間和資源，而且可能會讓所有的決策都變得無效。如果決策者不能區分必要的決策和不必要的決策，他所在的組織很快就會被各式各樣的決策所淹沒，組織中的人會對所有的決策不屑一顧，即使是有必要、最重要的決策，也會被視為倉促之舉。一個接一個地做出不必要的決策，最有可能損害組織實施變革和採取有效行動的能力，這種狀況會讓組織無論對什麼樣的決策都麻木不仁，所以，區分必要的決策和不必要的決策是非常重要的。

蒐集事實，確定問題的性質

依據不同的見解，蒐集盡可能多的優質資訊，讓問題能夠逐漸明確，為分析解決問題奠定基礎。發現問題要及時、準確、全面、深刻地進行科學的調查研究。只有深入客觀、實際，才能看到問題、發現問題。發現問題是決策活動的開始，問題發現不了、發現不對、發現不準確，決策就是盲目，甚至是錯誤的，因為問題不正確，就根本談不上分析問題和解決問題。解決問題必須要有一個基本目標，包括問題的範圍、時間、投入、程度等方面。沒有解決問題的目標，最終無法解決問題。

確立問題後，要判斷問題的性質是經常性的還是例外的，抑或是混合的。這兩類性質的問題經過組合，可以有以下四種類型的問題：

一是真正經常性的問題。這類性質的問題是管理者在日常管理中經常碰到的，可以透過建立規則或原則的決策，就可以解決。經常性的問題要從規章制度、政策入手加以解決。

二是特殊情況下偶然發生，但實質上仍然是一項經常性問題。也就是說，只要條件具備，這類問題就可能出現。

三是真正偶然的特殊事件。在現實生活中，真正偶然發生的特殊性事件少之又少，一旦發生，可能再也不會發生。日常中，經常為此擔心，但事實上並不可能發生。對於這類事件，需要判斷這是一起真正偶然的特殊事件，還是首次出現的另一類經常性事件。

四是首次出現的經常性事件。

除了真正偶然的事件之外，其他各類型問題都分別有其普遍性的解決方法，各類具有普遍性的問題都可以用標準的法則和慣例來解決，一旦制定了正確的原則，以各種形式發生的同一種普遍事件，都可以用這個標準原則來解決，管理者需要做的是，根據特定問題的具體環境來調整原則。但是，特殊事件需要採用特殊的解決方案，而且要根據具體情況單獨對待。決策者需花費大力氣確定問題的屬性，這是科學決策的重要前提。如果問題性質判斷錯了，就必然會產生錯誤的決策。在判斷問題的性質上，大部分管理者經常容易犯三類錯誤：

一是將經常性問題視為偶然事件，結果導致問題反覆出現；

二是將真正的新問題視為舊問題；

三是對某些根本性問題的界定不清。

界定問題的邊界，了解決策應遵循的規範

問題的形式與它的本質是不同的，沒有什麼錯誤比不對症下藥更嚴重，如果問題錯了，即使解決方案正確，也很難糾正錯誤，因為這種情況是很難診斷出來的。卓有成效的決策者，首先要認定在大多數情況下，問題的表象並不是問題的本質，然後才開始思考，找到真正的問題。卓有成效的決策者如何判斷什麼是真正的問題？他們會問：這到底是什麼樣的問題？這個問題和什麼相關？目前情況的關鍵問題是什麼？……等，這些提問必須從所有角度來衡量，從而確保找到真正的問題。確保找到真正問題的一個辦法是把問題與觀察到的事實進行核對，如果它能夠解釋並包含所有觀察到的現象，說明對於問題的界定可能是正確的；反之，則可能是不完整的，或可能是錯誤的。一旦問題得到真正的界定，就要了解決策應遵循的規範。這些規範包括決策的目標、最低限度應達成的目的，以及應滿足的條件（就是邊界條件），關於這些邊界條件，說明得越清楚、越仔細，則決策的效果越好。

識別邊界條件不能只靠事實，關鍵在於如何對解決問題的風險做出判斷，這需要識別最危險的決策，也就是在一切環境條件都有利的情況下，才可能達到目標的決策，對於這些類型的決策，可能會獲得成功，但往往需要出現奇蹟。若管理者把決策結果的達成寄希望於奇蹟的發生，則這樣的決策無疑就是最危險的決策。

做好了這一步，決策就很簡單了。事實上，卓有成效的決策者很少使用書本中複雜的決策模型、數學模型和樹狀決策結構，大多數人也從來沒有用過，管理者所碰到的問題各不相同，這些問題的根源都在組織內的邏輯，而不在決策所使用的邏輯。管理者首先碰到的，也常常是最大的難題，這便是正確的決策往往不會得到組織內部有勢力的個人或小團體的歡迎，或者這些決策通常不是組織所期望的。因此，做出有效決策的下一個關鍵要素，就是「判斷什麼是正確的決策」。

研究什麼是正確的決策

杜拉克認為，正確的決策是符合客觀實際的決策，而不是符合人、能為人所接受的決策。大部分管理者在開始形成決策之前，很容易一開始就問：「老闆會接受什麼樣的決策？」「我知道財務人員不會喜歡這個決策，那麼我現在應該怎麼做，才能迎合他們的心意呢？」或者「我知道這與我們長期以來相信的東西互相矛盾。那麼，決策該如何慢慢

地、在小範圍內起步，以免驚動太多的人？」一旦受到這種問題的局限，決策將肯定會失敗。

如何區分「正確的決策」與「能被人接受的決策」兩者的界限？杜拉克說了他親身經歷的一個印象深刻的例子。在 1944 ～ 1945 年間，杜拉克接到第一個大型諮詢專案──研究通用汽車公司的最高管理階層。通用汽車公司從那個時候，直到今天，一直是世界上最大的製造公司之一，「二戰」之後，公司變革迫在眉睫。杜拉克的任務，是向公司建議變革方案。寫完報告後，他就開始擔心。一會是雪佛蘭公司的人說，不喜歡這一條，他就把這一條刪掉了；一會勞動關係部門的人說不喜歡那一條，他又放棄了那個建議；後來又有設計部門的人員明確告訴他，將堅持對汽車採取統一設計，讓所有通用汽車一看就知道來自「通用汽車大家庭」。雖然杜拉克的市場調查證明，統一的設計風格並不受美國民眾的歡迎，但最後他還是把這一條建議改得模稜兩可。結果，導致這次決策諮詢的徹底失敗。

杜拉克永遠記住這次教訓，告誡管理者說，在做決策時，不要為「誰會喜歡這個方案」或「誰會不喜歡這個方案」之類的問題困擾，首先要想好什麼是正確的決策。

當然，必要的妥協還是應該有的，但要想好什麼樣的妥協是可以接受的，什麼樣的妥協比根本不做決策還要糟糕。不管要做什麼妥協，只要是一個能夠解決問題的方案（儘管

169

可能解決得不夠完美），這種妥協就是正確的妥協；如果妥協不能解決問題，這種妥協就是錯誤的，這個方案可能比不做決策更有害處。

　　杜拉克說，當年他在通用公司負責研究通用汽車公司的管理結構和管理政策時，公司董事長兼總裁斯隆先生曾把他叫到辦公室，並對他說：「我不知道我們要你研究什麼，要你寫什麼，也不知道該得到什麼結果，這些都應該是你的任務。我唯一的要求，只是希望你將你認為正確的部分寫下來。你不必顧慮我們的反應，也不必怕我們不同意。尤其重要的是，你不必為了讓你的建議容易被我們接受，而想要折中。在我們公司，說到折中，人人都會，不必勞駕你來指出。你當然可以折中，不過你必須先告訴我們什麼是『正確的』，我們才能有『正確的折中』。」斯隆先生的這段話，杜拉克認為可以作為每一位管理者做決策時的座右銘。

制定多項方案

　　杜拉克認為，決策必須有兩項以上的方案，如果只有一項，則無謂決策。設計方案需要大家的智慧，「三個臭皮匠，勝過一個諸葛亮」，一個人的知識、技術、能力、體力、心理狀態都是有限的，不可能設計出完美的解決問題的方案，需要動員全體部屬、尤其是一線工作人員，參與到決策過程中，以提高決策的準確度。

衡量選擇方案

將不同的方案進行利弊對比，能夠從中比較出一個理想的方案，作為行為方案。多謀善斷就是對多個決策方案的比較後，按照「兩害相權取其輕，兩利相權取其重」的原則，進行選擇性決策。

1960 年代，前蘇聯領導人赫魯雪夫將導彈部署在美國的「後院」古巴境內，爆發了震驚世界的「飛彈危機」。當時美軍智庫為總統設計了置之不理、外交抗議、外交談判、瞄準打擊、全面入侵、經濟封鎖六種不同的應對方案。美國總統甘迺迪（John F. Kennedy）在權衡各種方案利弊之後，果斷地選擇了「全面封鎖」的方案 —— 困住古巴的經濟。由於美國政府選擇了「嚴密封鎖」的正確決策方案，獲得良好的效果，讓古巴的經濟遭受嚴重打擊，造成嚴重倒退。

化決策為行動

選擇決策方案並不意味著決策活動的結束，還必須把方案轉變為行動。沒有落實的決策，只會是講在會上、寫在紙上的「空頭支票」，沒有任何價值。化決定為行動是最費時、最關鍵的一步，如果沒有這個要素，所有的決策將成為空談。

如何化決策為行動？杜拉克認為，需要以下配套措施：

一是制定具體的行動步驟。

二是任命具體負責人員，確定他們的工作責任。在決策時就要考量與執行人員的工作能力相適應。

三是確定績效衡量標準。

四是制定獎懲制度。

建立資訊回饋制度

杜拉克認為，對決策執行情況應進行及時回饋，使決策者能夠及時掌握決策的執行情況，從中判斷決策的正確性。如果需要進行決策完善，就要按照相關規定進行追蹤。

決策在執行中，決策者只有親自檢查才最有效，而有的決策者只滿足於在辦公室批閱報告，或者利用電腦數據來掌握決策及執行的情況，這是遠遠不夠的，永遠無法代替決策者的現場觀察。

決策中容易出現的問題

本節著重討論杜拉克認為決策中容易出現的幾個問題。

做了不該做的決策

杜拉克說，我們是不是真的需要進行一項決策？在有些

情況下，不做任何新決策可能是最好的決策。因此，在做決策之前，要問一個問題：「如果不做決策、保持現狀，會有什麼後果？」如果答案是「不會有變化」，就不需要節外生枝。即便會出現問題，但問題並不嚴重，不會帶來嚴重的後果，也無須做決策；只有當問題會導致情況惡化或遇到新的機會來臨時，才需要做出新的決策。

資訊回饋混亂

這種情況表現為：下級有反映情況的權力，但沒有改變決策的權力。修正、完善決策要統一實施，避免下級各行其是，失去管理的權威性，會導致管理上的混亂。對決策本身以及落實的條件缺乏深入的分析，查詢不到決策執行效果不佳的真正原因。經常會出現固執心理，對問題決策堅持不改，過度強調決策的權威性和穩定性；還會出現否定一切的心理，遇到問題不做深入分析，盲目改變決策，結果使正確的決策改變成錯誤的決策。

不重視反面意見

杜拉克認為，好的決策應以互相衝突的意見為基礎，從不同的觀點和判斷中選擇。正確的決策必須建立在各種不同意見充分討論的基礎之上，必須尋找反面意見，大多數決策者不重視反面意見，沒有意識到反面意見有三大優勢。

173

　　一是只有反面意見才能保護決策者不會淪為組織的俘虜。組織中的每個人都希望新的決策會對自己有利，而很少考量如何對事業和組織的發展有利，只有經得起反覆拷問、有事實依據和經過深思熟慮的意見，才能避免決策陷入這種陷阱。

　　二是反面意見本身正是決策所需的另一方案。決策只有一種方案，則無異於賭博，如果遇到意外情況，臨時採取措施則不可避免地要背水一戰，陷入被動。

　　三是反面意見可以激發想像力。

　　任何決策都不可能是十全十美的。所以在決策前可以議論紛紛，發表自己的意見和建議。

第 6 章　績效管理

「管理者的『終極使命』：績效。」

「績效是組織發展的關鍵，考察一個組織是否成功，就要看其能否讓平常人獲得比他們看起來所能獲得的更好績效。」

「所有的組織都必須思考『績效』為何物？這在以前簡單明瞭，現在卻不復如是。策略的擬定越來越需要對績效的新定義。」

「提高工作績效最快的方法，是改善個別動作或區域性工作的績效。只有改善區域性績效，才能系統化地提升整體績效。」

「應該設法運用群體的力量和社會凝聚力提升工作績效，或至少應該避免兩者彼此衝突。」

「企業要追求巔峰績效，首要條件是在設計工作時以此為目標。」

「組織的注意力必須集中到績效上。績效精神的第一要義就是要建立高的績效標準，不論是團隊還是個人都應如此。」

在杜拉克的著作當中，他認為，「管理不在於知，而在於行。不在於邏輯，而在於驗證。管理的唯一權威就是成果。」他甚至在生命最後的時間裡，把管理者定義為 ── 獲得成果的人。對於聘請和提拔人，他認為只能憑績效，而不

是憑這個人的潛力等去做判斷；要從員工以往的成績中來發掘長處，然後用他的長處來配置適當的職位。當有人問杜拉克，他希望人們因為什麼而記得他，他的回答是：「那就是我讓一些人做了正確的事。」

何謂「績效」

當今世界各國、各企業都在思索該如何提高績效，探索提高組織績效的有效途徑，績效管理廣泛地被各種組織接受和運用。

人們對績效的認知是不斷變化的，它經歷了三個時期。

績效就是成果

績效就是成果，這似乎是不言而喻的。人們在早期階段也是這樣理解的，認為績效就是工作的成果。對組織而言，是在達成組織目標中形成的結果；對個人而言，就是工作成績的紀錄。這種與對績效理解相關的一般管理術語，就是結果、目的、目標、生產量、產值、利潤，以及關鍵結果領域、責任、任務等。

這種對績效的界定，受到管理實踐中不斷出現的問題和現象的挑戰，這些問題的現象主要有三個方面。

177

一是過度關注結果會導致忽視行為過程，對行為過程控制的忽視，又會導致工作結果的不可靠，不適當地強調結果，可能會在工作要求上誤導員工。特別是當企業把績效界定為短期收益，並以薪酬制度加以激勵時，就會導致員工的短期行為，這就像杜拉克所說的，「經常具有很強的誤導性」。

二是許多工作成果並不一定是某種固定行為所帶來的，會受到與工作無關的其他因素的影響。

三是員工沒有平等完成工作的機會，而且在工作中的表現，不一定都與工作任務相關。

這些問題促使人們進一步加深對績效內涵的思考。

績效就是行為

人們依據上述對「績效就是成果」的理解中出現的問題，提出績效就是行為的觀點。認為績效是與一個人在其中工作的組織或組織單元的目標相關的一組行為，應有別於結果，因為結果往往是在多種內、外因素綜合作用下形成的。績效是行為的同義詞，是人們工作實際的行為表現，它不是行為的後果或結果，而是行為本身。在這種對績效理解的前提下，人們提出行為績效應該包括「任務績效」和「周邊績效」。所謂「任務績效」，就是指與所規定的行為或特定的

工作熟練相關的行為。「周邊績效」是與周邊行為相關的績效，雖然它不包括在工作說明書中，不直接與員工本人的工作任務相連結，也不屬於組織正式的獎懲範圍，對組織的核心業務沒有直接貢獻；但由於周邊績效是行為導向或過程導向的績效，因此關注的是行為和過程，而非結果，是在行為和過程中對結果有影響的組織背景因素、心理因素和良好的組織氛圍，對工作任務的完成有促進和推動作用，有利於員工任務績效的完成，以及整個團隊和組織績效的提升。

　　績效是結果或行為的觀點，都抓住了一個面向。實際上，在管理中，沒有一個組織對員工作績效考核是以員工的產出或結果為唯一衡量標準的，也並非所有的行為都是績效，只有那些有助於促進組織目標實現的行為才是績效，且任何對績效的理解，都包含員工的潛力發揮。

績效是員工的潛力

　　隨著知識經濟的到來、知識工作者的大量出現，越來越多的管理者開始採用以潛力為基礎的員工管理，把績效理解為員工的潛力。這種觀點認為，員工的績效不僅是過去歷史的反映，而要將員工個人潛力、素養等一起納入績效考核的範圍，高度重視員工內在素養與高績效之間的關係，不僅要關注員工當前能夠做什麼，還要衡量員工未來可能要做什麼。

179

基於平衡理解的績效

杜拉克高度重視企業績效及其作用，早在 1954 年出版的《管理的實踐》一書中，他就認為管理者的終極作用就是績效，「管理者就是使只能長一根草的地方長出兩根草，這是管理者比哲學家更有用的地方。」管理者應該把經濟績效放在首位，因為最終衡量管理的是企業的績效，但無論怎樣重視績效，如果沒有企業的健全運作、如果對員工或工作管理不善，就沒有企業的績效。如果只為了當前的績效，而沒有對未來員工和工作進行有效管理，企業的績效就會成為一種假象。同時，企業的問題不在於如何獲得最大利潤、實現績效，而在於如何充分獲得利潤、獲得長久的績效，因此，企業不在於創造多少利潤，而在於創造顧客。顧客才是企業長久績效產生的基石，是企業存活的命脈，企業必須透過行銷和創新贏得顧客，才能為績效不斷提升奠定堅實的基礎。

在這裡，杜拉克已經意識到，績效是個複雜的概念，具有豐富的內涵，要全面地掌握績效的內涵，應該運用平衡的方法。平衡經濟指標與企業內部的管理；平衡當前與未來的關係；平衡組織內部與組織外部的關係，這些重要思想，直接啟發了平衡計分卡（Balanced scorecard）的產生。1992 年，哈佛大學教授卡普蘭（Robert Kaplan）和諾頓（David Norton）在《哈佛商業評論》上發表〈平衡記分卡：驅動績效的

衡量〉一文，拓展了績效概念的平衡理解思想。

　　基於內在因果邏輯的分析，企業要獲得財務指標，就必須擁有優良的客戶指標；想擁有客戶指標，必須具有高效的內部運作機制；想有高效的內部運作機制，就必須不斷提高自身的學習與創新能力。這種邏輯鏈就是：學習創新能力，促進內部業務流程的完善，進而提高客戶指標，最終產生持續的財務指標。

　　首先，企業必須不斷提高自身的創新和學習能力，努力進行新制度變革、新技術發明、新產品開發、新市場開拓，才能增強自身適應外部環境複雜而動態變化的現實。為此，需要不斷改善人力資源狀況，建立學習型組織，這是企業績效最根本、最有長遠意義的策略步驟；其次，企業必須具有高效率的內部運作機制，能夠圍繞特定的價值鏈及時調整、優化和再造企業，包括資金流、資訊流和物資流在內的內部業務流程，而這一切，離不開管理者的管理能力和內部員工的工作流程，因此整合人力資源管理、提高管理水準和能力，是獲取企業優秀績效的保障；再其次，企業必須擁有忠誠的客戶群體和牢固的市場地位，真正樹立「顧客至上」的經營宗旨和誠信理念，能夠建立靈敏快捷的市場行銷網，創造出受客戶青睞的產品與服務，最大限度地滿足顧客的需求。客戶滿意度成為企業成敗的關鍵，是企業獲得長期經營績效的決定性因素；最後，財務表現就是企業最直觀、最綜

合的企業績效衡量標準，它是企業最重要的績效衡量指標，展現股東利益，概括反映企業績效，但基於平衡理念理解的企業財務結果，是在以公司總體策略目標為指導下，將持續創新的學習能力、內部業務流程的改善、顧客為導向的市場行銷系統整合起來的必然結果和最終展現。它將企業的財務績效結果與績效驅動因素完整結合，將企業的使命、策略目標與績效考核系統結合起來，建立一種新的、平衡有效的、全面業績評價理念和系統。

企業績效的五大指標

1992 年，杜拉克在《管理未來》（*Managing for the Future*）一書中，對企業的績效給出了五大指標，即市場地位、創新、資產流動性和現金流、生產效率、超過普遍利潤率的盈利能力。

市場地位

企業績效的首要指標，是它的市場地位。企業管理者應該考量企業的市場地位如何？在過去的一段時間內，企業的市場地位是否有所改善？市場地位是上升還是下降？

企業在競爭市場中，有四種不同的市場地位 —— 市場

領導者、市場挑戰者、市場追隨者、市場滲透者。不同的市場地位有不同的發展策略，同時更應關注企業市場地位的變化，這種變化展現著企業的經營績效。

處於市場領導者的企業，其績效展現為兩方面：一方面維持自己的領先地位，另一方面有效地防禦挑戰者的進攻。為此，其努力的重點就是更加注重產品和服務的品質，進行產品創新和服務創新。處於市場挑戰者的企業，其績效展現為不斷擴大自身的市場份額，加強自身的品牌塑造，以此提高市場地位。他們採取的行動，一方面直接向市場領導者挑戰，但由於處於市場領導者的企業，大多具有雄厚的實力，此策略具有很大的風險，因為市場領導者會還擊，挑戰者必須具備雄厚的勢力應戰才行；另一方面，採取協同作戰策略，聯合其他的市場挑戰者，一同與市場領導者競爭，以重分配市場份額。處於市場追隨者的企業，其績效展現為迅速擴大自身的影響力度，緊緊跟隨在挑戰者後面，伺機迎頭趕上，制定出長遠的企業發展計畫；處於市場滲透者地位的企業，其績效在於悄悄地發展自己，能夠依靠對手發現機會，推出新產品。比較好的策略是韜光養晦，也就是說，如果企業不夠強大而無法贏得競爭，並不意味著你不能在競爭中最終獲勝。在這種策略中，企業可以利用現有市場領導者的弱點，以達到改變現狀的目的，但一定不能和他們正面交鋒，這是一種最持久的競爭策略，重在避免直接對峙，而在於掌

握有利時機或市場空白，保持靈活機動，領先大公司一步，不斷發現並填補其他市場的空白。

　　在激烈的市場競爭中，每家企業的市場地位總是變動的。曾湧現許多成功的企業，但由於無法守住耗費巨大財力和人力開拓的市場地位，有的地位下降，甚至一夜之間消失了。如何鞏固企業得之不易的市場地位，並在此基礎上發展、壯大，是擺在成功企業面前的重大課題和策略重心。為此，不妨看看前美國奇異公司總裁威爾許如何採用「數一數二」策略贏得市場地位。

　　在威爾許接任美國奇異公司總裁時，他引見了杜拉克。杜拉克問威爾許：「如果你當初不在這家企業，那麼今天你是否還願意選擇加入？如果答案為否定的話，你打算對這家企業採取什麼措施？」威爾許對這個問題的回答就是「數一數二」策略。威爾許發現，任何企業都不能滿足所有人的所有需求，隨著市場的成熟和穩定，人們往往只記住兩個品牌，並在其中選擇一個就夠了，任何一個市場最終會變成兩個品牌競爭的局面，企業要贏得市場地位，就必須盡量創造與眾不同的產品和服務，讓顧客離不開你。把精力放在創新、技術、內部流程、附加服務等任何能讓你與眾不同的因素上，如果走這條路，你即使犯一些錯誤，也依然可能成功，這就是威爾許的「反大眾化」策略，並最終發展成「數一數二」策略。

　　威爾許上任之初，面對的 GE 公司，是一個多元化的跨國大型企業集團，經營的業務領域非常廣泛，威爾許不滿足於公司的現有狀況，因此提出 GE 的所有業務必須在全球範圍內的相關領域中，占據數一數二的地位，否則，這些業務將被「整頓、出售，或者關閉」。也就是他給 GE 業務領域的市場定位只能當冠軍，就算不行，也要成為亞軍，絕不當季軍。威爾許認為：「要做到這樣，當然，你得對『優勢業務』有一個鮮明的定義。在 GE，『優勢業務』意味著某項產業在市場上占據第一或第二的位置。否則，經理們就要改進它、賣掉它，或者在無可奈何的情況下，關閉它。其他公司也有各自不同的體制來做投資決策。」

　　「數一數二」策略的實質意義，是大力優化企業業務領域和業務結構，釐清公司現有哪些業務領域值得培育、哪些應該放棄？對那些前景不佳的業務，即使它們曾經是公司的象徵性業務，也不得不忍痛放棄。「數一數二」策略的目標，是培育公司優勢業務領域，並能持續發展。GE 的優勢領域到底是什麼？威爾許認為是核心製造業、技術產業以及服務業。在威爾許心中，不在這三大優勢業務領域內的業務，其不具有成為市場領先者的潛力，將要被斷然放棄。之所以確定這三大優勢領域，威爾許主要考量四個因素：一是業務的發展前景；二是業務的飽和程度；三是企業的核心能力；四是企業策略。威爾許認為，在企業中，所有業務都應該把

人、財、物各種資源用在真正能實現企業策略、促進企業發展的業務上。以此為指導，1982 年，威爾許首先將比不上別人的中央空調部門，以 1.35 億美元的價格出售給在冷氣市場上占領先地位的特靈公司（Trane Technologies）。1984 年，又將盈利不穩的猶他國際部分資產以 24 億美元的價格賣給了澳洲 BHP 公司。同時，威爾許還大力收購與優勢業務領域相關的公司：1983 年，威爾許以 63 億美元收購了美國無線廣播公司；1987 年，GE 與法國 THOMSON 電子公司進行業務交換，GE 用它的電視機製造業務換取 THOMSON 電子公司的醫療裝置業務。當時 THOMSON 經營醫療 CT 的公司，在行業中居第 4、第 5 位，而 GE 在這個行業中名列第一。1988 年，GE 以 2.06 億美元賣掉了自己的半導體業務，把航太業務以 30 億美元賣了出去。

　　威爾許剛執掌 GE 時，GE 只是美國的第十大公司，僅有照明、發動機和電力 3 個事業部在市場上保持領先地位。經過威爾許數一數二策略的數年改造，GE 公司變成一個非常有競爭力的企業，到 1980 年代末，幾乎所有的事業部，都在美國，甚至在世界排名前列。公司價值在威爾許掌管的 20 多年中成長了 30 多倍，GE 公司成為世界前 500 大數一數二的國際大企業。

創新

杜拉克認為,企業績效的第二個衡量指標是創新,主要考量 4 個問題。

一是企業創新是否與它的市場地位相匹配。如果落後於市場地位或企業在創新方面急遽下降,這是企業即將衰落的重要象徵。

二是創新週期是否變長。所謂創新週期就是從一項產品的創新開始,到產品進入市場的時間間隔。

三是創新成功與創新失敗的比例是否有所變化。

四是細分市場是否集中資源進行創新。

1997 年,賈伯斯(Steve Jobs)重新掌管已連續 5 個季度虧損的蘋果公司。為了擺脫經營困境,賈伯斯制定了新的產品創新策略:一方面,削減原來的產品線,採用聚焦策略,將正在開發的 15 種產品削減為 4 種,放棄開發低端產品,集中資源進行高階產品的創新;另一方面,積極開發新產品,縮短開發週期,努力向消費類電子領域擴張。新產品策略的引導下,1998 年,蘋果推出 iMac,賈伯斯把法國哲學家笛卡兒的名言「我思故我在」變成 iMac 的廣告文案「I think, there for iMac!」成為廣告業的經典案例。同年,iMac 榮獲《時代》雜誌「1998 年最佳電腦」稱號,並名列「1998 年度全球十大工業設計」第三名。同時,蘋果公司向數位音樂領域順

利進軍，在 2001 年推出了個人數位音樂播放器 iPod。蘋果透過改變音樂播放器的容量、色彩、尺寸，增加影片、圖片、遊戲、附件等功能，不斷豐富和完善 iPod 產品線，使 iPod 成為改變產業規則的革命性產品，也令蘋果電腦重新走向輝煌。2010 年 1 月 27 日，蘋果公司平板電腦 iPad 正式發布；4 月 6 日，蘋果 iPad 正式在美國發售；2010 年 6 月 8 日，蘋果正式發布了一直引人矚目的蘋果第四代手機 iPhone4。在不斷創新的推動之下，賈伯斯帶領的蘋果公司創造了非凡的成就。賈伯斯剛上任時，蘋果公司的虧損高達 10 億美元，一年後卻奇蹟般地獲利 3.09 億美元。2010 年 5 月 26 日，蘋果公司登上了那斯達克（Nasdaq）的頂峰位置，超過了比爾蓋茲的微軟。當日，蘋果公司的市值在紐約股市收市時，達到 2,220 億美元，僅次於埃克森美孚（Exxon Mobil），成為美國第二大市值的上市公司，微軟當日市值為 2,190 億美元；2011 年 8 月初，蘋果公司市值（約 3,371 億美元）超過埃克森美孚（約 3,333 億美元），成為全球第一大市值的上市公司，也是全球第一大資訊科技公司。

生產效率

　　杜拉克認為，企業績效的第三個指標是生產效率，也就是資金、原料、人力等生產要素的投入與所產生的增值。所謂增值，就是商品或服務的總價值減去成本以及通貨膨脹所

致增加的費用。在杜拉克看來，企業生產效率的衡量，要注意以下三個問題。

一是每種要素都必須單獨計算。因為，在不同性質的組織中，資金、原料和人力等生產要素所具有的意義是不同的，產生的增值當然千差萬別。即使在同一個企業中，這些生產要素在不同部門中的生產效率也是不同的。比如，對於體力工作者、職員、管理人員、技術人員等不同類別的人員，這些人力要素產生的增值也不同。只有單獨計算，才能找到問題，也才能明確知道企業的績效出自哪裡。

二是每種生產要素之間的關係要協調。也就是說，最好能夠促使每種生產要素都能保持穩定成長。在共同成長中，最需要注意的問題是：一種要素生產效率的提高，不應該犧牲另一種要素的生產效率；多個生產要素的投入，要根據實際情況，盡量使之達到最優組合。

三是把握社會生產效率下降中的機會。在杜拉克看來，已開發國家的勞動生產率正陷入困境，進入慢速成長時代，社會整體的生產效率逐步下降。雖然我們並沒有找到這種現象令人信服的原因，但對單個企業而言，這反而是一個巨大機會，有意識、有能力提升生產效率的企業，注定會非常快速的贏得競爭優勢。

資金流動性和現金流

常識告訴人們，一個企業可以沒有利潤，不能沒有足夠的現金流。缺乏前者，企業還可以長時間地經營下去，但如果沒有後者，企業就無法維持了。杜拉克認為，企業在這個績效指標上，尤其要慎重思考和注意以下問題。

一是企業要贏得顧客，不能「收買」顧客。一些企業為獲得利潤的迅速增加，透過大量投入廣告、低成本策略等方法，快速提高商品的銷售量。表面上看起來熱熱鬧鬧、轟轟烈烈，短時間內，市場占有率就大幅提升，利潤也得以迅速成長，似乎贏得了顧客。但杜拉克卻不這麼想。他認為，這種做法充其量是在「收買」顧客，而不是在「贏得」顧客。贏得顧客要靠品牌，要靠長期累積的市場信譽度。「贏得」顧客才能專注於經營前景良好的發展機會，「收買」顧客的心理和做法不可能長久、無法為企業贏得持續的發展，當出現為「收買」顧客而採取的上述行為時，通常是企業經營的危險訊號。

二是資金流動性不足比利潤短缺更具破壞力。因為，當一家企業利潤短缺時，通常會出售營利不足的業務或產品，這樣反而會使企業調整內部結構，集中資源發展優勢業務或產品。而當企業資金流不足時，常常出售的是利潤最高或最有發展前景的業務或產品，這樣在短時間內能帶來大量現

金、可以快速地度過難關，但往往失去的是企業發展的前景。杜拉克對此提出警告，認為企業要投資開發某項非常有前景的業務或生產線時，一定要提前準備充足的資金，避免有需要時才想到要籌措。如果倉促上馬，最終的結局往往是在經營的過程中，由於無法預料的意外情況，當急需資金而無法滿足時，不得不把這個前景良好的新專案，低價出售給競爭對手。

三是資金流動性可以準確地預測。通常現金流預測只需要確認未來的現金流和現金需求，並不需要複雜的調查和計算，問題在於管理者是否重視這個關鍵的績效指標。

企業資產的盈利性與流動性之間存在著矛盾。要求企業在盈利性與流動性之間加以權衡，並根據企業自身的特點做出相應的選擇，以保證企業盈利性與流動性的適度平衡，從而確保企業健康穩定地發展。

盈利能力

杜拉克認為，盈利能力展現的是一家企業利用資源創造利潤的能力，而這正是績效和成果的最主要內涵（即績效和成果是「企業財富創造能力最大化」）。盈利能力通常與普通利潤率進行比較，來衡量企業的利潤率高於或低於普遍利潤率，針對這個績效指標，杜拉克強調以下幾個方面。

　　一是盈利能力要剔除的因素，包括非經常性交易所創造的利潤或虧損、分攤的間接成本（不直接與生產相關的費用）等。這個指標用於衡量企業長期盈利能力。長期盈利能力不是短期盈利效果的累加，短期收益只是一種前景，本身並不是真正的經濟成果。

　　二是從三個方面分析盈利能力的變化，即資本成本、新專案、新產品和新服務的盈利能力變化，盈利能力的品質和構成。

　　三是提高盈利能力的方法，有兩個方面：一方面是增加資本周轉量，因為總利潤是資本周轉量與利潤率的乘積；另一方面是提高利潤率。假如兩者能同時增加，則盈利能力的大幅提升是可想而知的必然結果。但如果這兩個因素出現反向變化，即一個因素的提高是以另一個因素的下降為代價，則企業的利潤可能沒有變化，但企業的盈利能力品質則下降了。

　　杜拉克在全面分析企業績效的 5 個指標基礎上，反覆申明的一點是：每個績效指標都不可能有精確的測量方法，並不存在統一的魔法公式，因為測量的往往是短期效益，非常不可靠，經常有很大的誤導性。儘管如此，測量出來的不準確數據並不影響企業的管理者判斷，因為每種測量方法都可能造成極大的誤差，其測量結果並不一致，但企業的管理者關注的是指標的變化趨勢，而不是精確的結果。從這些指標

的變化趨勢中，企業管理者可以發現問題，可以判斷企業的
經營方向和決策是否正確。因此，這些績效指標的數據，應
成為企業 CEO 辦公室的必備數據，每季度定期更新。

績效管理的失誤

如果對績效的內涵理解出現偏差，在實踐中不正確地進
行績效考核、只把員工的結果作為考核的內容、對考核的
結果僅與獎懲連結，就不可避免地出現諸多績效管理中的
失誤。

杜拉克的一次失誤

1980 年代，杜拉克在 GE 公司推行績效管理時，曾遭遇
失敗。當時，他為該公司開發了一套全新的績效考核和激勵
體系，他將每位業務部門負責人的薪酬與投資報酬率（〔投
資報酬率＝（收入－成本）/ 占用資本 ×100％〕）相連結，
其目的在激勵各個業務部門進行不斷創新。結果在 10 年時間
內，GE 公司並未出現杜拉克所期待的創新，這項改革並不成
功。杜拉克對此總結說：「顯而易見，事與願違，我們犯下
了一個絕對的錯誤。創新需要今天的投入，但在長時間內，
你將無法獲得任何回報。在新的激勵機制中，每位總經理花

費在創新上的每一分錢意味著什麼？不只是薪酬的減少，還意味著民心的喪失。所以在長達 10 年的時間裡，奇異公司沒有獲得任何創新，新激勵方案的發表為創新設定了巨大的障礙。」杜拉克意識到，對於一個有任期限制的管理者來說，想要薪酬高，就必須投資報酬率高，所以他們會盡可能減少那些當前投入但未來才會有產出的成本，這種成本最典型的代表就是研發費用、培訓費用。創新因而就此停滯。

於是，人們開始反思績效考核的錯誤，一些管理者和管理學家開始激烈地反對績效考核。在批評績效考核的聲音中，美國全面品質管理理論的提出者戴明的觀點，無疑最具有代表性。

戴明對績效理論的批評

第二次世界大戰後，美國品質管理大師戴明推出了全面品質管理理論，認為品質不是事後檢驗出來的，而是在整個過程的品質控制與管理中產生的。傳統上所有的品質控制方法都是事後檢測，因而無助於品質的真正提升。他提出，以使用者滿意為宗旨、在全體過程，以全員品質管理控制為方法，才能真正提高品質，但他的理論在美國並未引起企業界和管理學界的重視，反而引起大洋彼岸的日本企業界的重視。「二戰」後的日本，最關心的是如何快速地重新崛起，把日本由一個製造劣質產品的國家，轉變為能在國際市場上

具有競爭優勢、生產高品質產品的國家，改變日本產品的
國際形象。戴明告訴日本企業界：「只要運用統計分析，建
立品質管理機制，5年後日本的產品就可以超過美國。」而
實際上，僅僅4年後，日本產品品質的總體水準就超過了美
國。日本工業、科技和產品開始挑戰美國的霸主地位。1970
～80年代，日本不僅在工業實力、科技水準、產品品質上，
而且在經濟總量上，對美國形成強而有力的競爭，擠進美國
企業的市場，對美國企業構成極大的挑戰。戴明回憶說：「我
告訴他們，他們可以在5年內席捲全球。結果比我預測的還
快。不到4年，來自全球各地的買主，就為日本產品瘋狂不
已。」戴明被日本企業界奉為品質管理「教父」。在豐田公
司東京總部的大廳裡，掛有三張比真人還大的照片：一張是
豐田的創始人；另一張是豐田現任總裁；第三張比前兩張都
大，就是戴明。

　　面對日本企業的挑戰，美國企業界才開始正視這個問
題，重新發現戴明的品質管理理論，邀請戴明回國，開始品
質管理運動。他先後在福特、通用、摩托羅拉（Motorola）、
寶僑（P&G）等著名公司推廣「全面品質管理運動」，扭轉
美國經濟發展和企業管理中的種種不良傾向，由此為他贏得
了巨大的聲望，他不僅當選為美國國家工程院院士、入選科
技名人堂，還獲得時任美國總統雷根（Ronald Reagan）頒發
的國家科技獎章。戴明視績效管理理論為管理的七大致命痼

疾之一，他毫不客氣地批評道：「績效考核，不管稱它為控制管理或什麼其他名字，包括目標管理在內，是唯一對當時美國管理最具破壞性的力量。」

此後，對於績效考核的批評聲音時常響起，有人認為員工的績效結果受到自身無法控制的偶發因素影響，對其考評缺乏客觀依據，這種做法不僅沒有任何益處，反而會損害組織目標。有人透過在一些企業中進行實證得出結論：個體績效評價 3 個月內，員工的績效一直在減少。認為大多數被考評者憎惡績效考核，管理者認為是績效考核工作沒做好，而作者則認為績效考核不可能做得好，實際上，績效考核根本就不應該做！

被績效主義毀掉的公司

2007 年，索尼公司（Sony）前常務董事發表了〈績效主義毀了索尼〉一文，再次引起人們對績效考核的關注與思考。在這篇文章中，作者鮮明地提出索尼連續 4 年虧損，2006 年更虧損 63 億美元。為什麼？因為績效主義毀了索尼！作者憤然指出，公司過度推行績效主義，導致四大嚴重問題。

一是「熱情團隊」消失了。所謂「熱情團隊」，是指創業初期，索尼公司在井深大的領導下，那些不知疲倦、全身

心投入開發的團體。這樣的「熱情團隊」，接連開發出具有獨創性的產品。井深大對成員從不採取高壓態度，而是尊重他們的意見，以高超的領導藝術，點燃技術開發人員心中之火，讓他們成為為技術獻身的「狂人」。從事技術開發的團體進入開發的忘我狀態時，就成了「熱情集團」，進入這種狀態最重要的條件，就是「基於自發的動機」，比如「想透過自己的努力開發機器人」，就是一種發自自身的衝動，而與績效考核關聯的薪酬激勵、升遷或出名，則是「外部的動機」，是想得到來自外部回報的心理狀態，這種心理狀態不是發自內心的熱情，而是出於「想賺錢或升遷」的世俗動機，熱情集團就消失了，索尼也就開始逐漸衰敗。

二是「挑戰精神」消失了。1995 年左右，索尼公司逐漸施行績效主義，成立專門機構，制定非常詳細的評價標準，並根據對每個人的評價來確定報酬。管理者總是強調「你努力工作，我就為你加薪」，以前那種以工作為樂趣的內在意識受到抑制，在井深大領導時期，經常強調「工作的報酬是工作」。如果你做了件受到好評的工作，下次你還可以再做出更好的工作，許多人為追求工作的樂趣而埋頭苦幹。但是因為要考核業績，幾乎所有人都提出容易實現的低目標，索尼精神的核心 —— 即「挑戰精神」 —— 就消失了。

三是「團隊精神」消失了。索尼公司的創立宗旨是：「建設理想的工廠，在這個工廠裡，應該有自由、豁達、愉快的

氣氛，讓每個認真工作的技術人員，最大限度地發揮技能。」作者回憶，自己在索尼公司經歷失誤時，上司從未斥責，而是視為犯了過錯的孩子。比如為開發天線到大學進修時，他逃學去滑雪，剛好遇到索尼公司的部長來學校視察；下屬儘管在實際工作中非常支持上司，但在喝酒的時候說上司的壞話；研究工作非常認真，但很貪玩，甚至下屬做得有點不合乎常規，上司也沒那麼苛求；工作失敗了也勇於為下屬承擔責任。但實行績效主義後，一切都變了，上司不把下屬當有感情的人看待，而是一切都看指標，用「評價的目光」審視下屬，企業員工渴望的溫情和信任不再存在，團隊精神被破壞殆盡。

　　四是創新先鋒淪為落伍者。索尼公司在過去敢「做別人不做的事情」，追求獨自開發的精神。在 1960 年代，井深大堅持獨自開發單槍三束彩色映像管電視機。這種彩色電視機畫質好，一上市就大受好評。在其後 30 年中，這種電視機的銷售，一直是索尼公司的主要收入來源，投入鉅額費用和很多時間進行的技術開發獲得成功後，為了製造產品，還需要有更大規模的裝置投資，也需要招募新員工。但是，從長期角度來看，公司可以藉此累積技術、培養大批技術人員。消費者也認為索尼是追求獨特技術的公司，這有助於大大提升索尼的品牌形象。而且，這種獨自開發，能帶給索尼員工榮譽感，他們都為自己是「最尖端企業的一員」而感到驕傲。

技術開發人員懷著這種榮譽感和極大熱情，不斷地對技術進行改良。面對單槍三束彩色映像管電視機獲得的巨大成功，井深大異常清醒地說過：「我們必須自己開發出讓單槍三束彩色映像管成為落伍產品的新技術。」遺憾的是，隨著井深大的離開，公司的高層並未理解井深大的話，不是獨立自主地開發新技術，而是為避免危機採取臨時抱佛腳的做法──與三星公司（Samsung）合作。結果在液晶和電漿薄型電視機的開發方面大大落後。當時索尼並不在意其他公司在開發什麼產品，井深大和公司員工都有一種自信心──努力搶先，創造歷史。今天的索尼也開始一味地左顧右盼、模仿別人，始終無法走在時代的前頭了。過去人們都把索尼稱為「21 世紀型企業」，具諷刺意味的是，進入 21 世紀後，索尼反而退化成「20 世紀型企業」。

作者認為，績效考核中出現的這些問題，具體表現為以下幾個方面。

一是量化主義導向。績效主義首先必須把各種工作要素量化，並企圖把人的能力也量化，以此做出客觀、公正的評價，但是工作是無法簡單量化的。公司為衡量業績，需要做大量的業績統計工作，花費大量的精力和時間，而在真正的工作上卻敷衍了事，出現了本末倒置的傾向。過度的業績量化，不僅事實上做不到，而且它的最大弊端，是弄壞了公司內的氣氛。

　　二是過於注重績效考核結果的薪酬激勵。業務成果和金錢報酬直接相關，員工是為了拿到更多報酬而努力工作。員工外在的動機增加，自發的動機受到抑制，員工逐漸失去工作熱情，不再具有過去的奉獻精神和「熱情團隊」精神。

　　三是追求眼前利益。公司內追求眼前利益的風氣蔓延，這樣一來，短期內難見效益的工作、必須做的某些扎實、仔細的工作，都受到輕視。

　　四是利己主義盛行，責任感缺失。公司不僅對每個人進行考核，還對每個業務部門進行經濟考核，由此決定整個業務部門的報酬，最後導致的結果，是業務部門相互搗亂，都想方設法從公司的整體利益中為本部門多撈取好處。公司績效管理的規章制度強化了管理，表面上看是很合理的評價制度，但實際上大家開始圍繞利益行動，都極力逃避責任。

　　五是不信任感蔓延，破壞團隊精神。這種不信任感主要表現在管理者與被管理者之間。在索尼充滿活力、蓬勃發展的時期，公司內流行這樣的說法：「如果你真的有了新點子，來！」也就是說，那就背著上司把它做出來，與其口頭上說說，不如拿出真本事來更直接！在過去，有些索尼員工根本不畏懼上司的權威，上司也欣賞和信任這樣的下屬；而現在，上司總是以「冷漠的、評價的眼光」來看員工，再也沒有員工願意背著上司做事，那是自找麻煩。如果人們沒有受

到信任的感覺，也就不會向新的、更高的目標發起挑戰了。

作者最後總結說：「不論是在什麼時代，也不論是在哪個國家，企業都應該注重員工的主觀能動性。這也正是索尼在創立公司的宗旨中，強調的『自由、豁達、愉快』。」

也許圍繞績效考核的爭論還將持續下去，可是如果不做績效管理，我們能做什麼呢？其實問題的實質在於許多人誤解杜拉克的意思，這也就是本章開篇杜拉克提出的問題：績效到底是什麼？績效考核與績效管理有什麼差別？單純強調績效考核的績效管理，必將帶來嚴重的負面影響，就如沒有潤滑油的發動機，考評進行得越徹底，對企業的傷害就越大。績效考核的目的不在於考核本身，而在於提高企業的績效、實現組織目標，一方面透過評判員工的行為和結果來進行考評；另一方面對員工的能力、貢獻做出詳細的評價，為績效的回饋和改進提供依據。績效管理是個過程，注重的是員工能力的培養和績效的改進。

第 7 章　人力資源管理

「人是資源而非成本。」

「這是一個以人為主軸的事業。我們並不是販賣商品的蔬果零售商。我與經濟學家之間只有一點共識，那就是我不是經濟學家。」

「我一向對人相當感興趣，不喜歡抽象概念，更別提哲學家的定義與分類了，對我來說，這簡直和囚衣一樣可怕。」

「人力資源有一種其他資源所沒有的特性：具有協調、整合、判斷和想像的能力。」

「讓平凡的人做不平凡的事。」

「我們必須把工作中的人力當人來看待，我們必須重視人性面，強調人是有道德感與社會性的動物，應設法讓工作的設計安排符合人的特質。作為一種資源，人力能被組織所使用，然而身為人，唯有這個人本身才能充分自我利用，發揮所長，人對於自己要不要工作擁有絕對的自主權。」

對企業來說，人力資源管理的根本目的是為了企業績效的提升，並最終展現在企業利潤的持續成長上。管理者只有深刻領會杜拉克「用人之長」的思想，充分發揮人的長處，人力資源管理工作才能夠透過企業內部的「動力傳導機制」，提供組織生存發展和利潤持續成長的內在動力。管理者必須意識到，只抓住人的缺點和短處，是做不成任何事情

的。沒有什麼東西能比注重人們的弱點而不是人們的優點、依靠無能而不是依靠能力，更能摧毀一個企業的精神了。因此，管理者關注的重點必須放在人的優點上。

人是資源而非成本

早年的杜拉克經歷了兩次世界大戰，親身感受到人類歷史上空前的災難，在思想深處牢牢地建立了以人為本的思想，強調尊重人、重視人。在他的第一部著作《公司的概念》中，他提出人是資源而非成本的理念。在 1954 年，在他的成名著作《管理的實踐》一書中，更是在管理發展史上首次提出「人力資源」這個概念，強調要從傳統的人事管理向人力資源管理轉變，為此，他批判了之前科學管理理論和人際關係理論在人的問題上的缺陷。

科學管理理論對人的漠視

杜拉克認為，科學管理理論中最廣泛存在的人事管理概念，是當時施行人事管理的最重要理論依據。雖然科學管理理論在提高組織生產率上成就顯著，大大促進了人類社會的發展，但也存在著明顯的錯誤。主要表現在以下幾個方面：

一是把人等同於機械零件。科學管理研究人的動作和工

作時間，建立生產線和工作程序的標準化，將每項工作細化
至最簡單的部門動作，每個部門動作又有標準化的規範，這
相當於把人視為機械，完全沒有看到人與機器是不同的。

　　二是忽視人的個性和能動性。把人等同於機械，必然忽
視人的主動性、創造性，沒有看到人的個性、人的意願和情
感等。

　　三是認為工人只能配合執行，無權做決策。忽視人的個
性，結果也必然造成管理高層對普通工人的漠視，工人不能
參與管理和決策，只能被動地執行命令，這必然會造成工人
的反抗心理。

人際關係理論對人的片面了解

　　人際關係理論是對泰勒科學管理中對人管理的校正。
在科學管理理論中，把人視為「經濟人」，認為人工作的動
力，來源於對經濟利益的追求，管理的重點在於透過外部的
經濟利益和工作環境的改善，來激發員工的動力。然而在著
名的「霍桑實驗」中，人們發現，員工工作效率與外部經濟
條件的變化，並沒有必然的因果關係，而是由其他因素所決
定。由此，哈佛大學教授梅堯（George Elton Mayo）提出了
「社會人」假設，建立了人際關係理論。

　　人際關係理論認為，影響人工作積極度的因素，除物質

利益外，更重要的是社會的心理因素。每個人都有自己的特點，個體的內在特點會影響個人工作的表現。在管理中，應該把員工當作獨特的個體來對待、當作社會人來對待，不應把員工視為無差別的機器對待。這些觀點得到杜拉克的充分肯定和高度認同，他堅決主張把人視為人而非機械，認為人在工作中是「願意工作的」，管理員工是每位管理人員的職責，並非人事專家的專利。同時，杜拉克也認為，人際關係理論也有局限，主要表現在 3 個方面。

一是人際關係理論重視人與人的關係，忽略了另一方面 —— 工作的完成。這與科學管理理論正好相反，前者關心人，後者關心事，都不免有失偏頗。

二是人際關係理論空談給員工責任感，但在如何給、如何讓員工感到受重視等方面，缺乏可操作的措施。

三是人際關係在提高員工工作積極度方面與科學管理理論類似，二者都認為員工對失業、減薪、不安全工作環境……等方面存在一定的恐懼心理，只不過前者主張消除這種恐懼心理，後者主張利用這種恐懼心理。

將關心人與重視工作相結合

杜拉克為克服科學管理理論與人際關係理論對人的片面性認知，主張將人與工作結合，以工作任務的完成為目標，

同時重視人的關鍵性作用。在完成組織目標的過程中，透過
培訓和各種激勵措施，提升人的積極度、重視人的培養，在
完成組織目標的同時，促成個人目標的實現。

　　1943 年，杜拉克應邀到通用汽車公司任顧問，結識了當
時通用汽車總裁斯隆。斯隆對人事決策的高度重視與慎重、
身為公司最高管理者的個人素養及專業魅力、對下屬職員的
深刻影響，以及公司職員對斯隆管理的高度認同……都深深
影響著杜拉克。杜拉克還用一年半的時間，進行了一項實踐
調查，透過通用內部的徵文活動，調查員工的工作態度、工
作心理、對公司的看法、對管理階層的認可度……等。此次
徵文活動參與的員工人數達 20 萬人，具有廣泛的代表性，調
查的數據也為杜拉克研究人的問題提供寶貴的第一手數據，
從此改變了杜拉克的學術命運，引領他向管理領域進行深層
研究。其直接成果就是《公司的概念》、《管理的實踐》等
著作的出版。在這些書中所提出的人力資源管理理論，被杜
拉克自己認為是對管理的四個最主要的貢獻之一，其貢獻就
在於確立了以人為核心的管理原則。杜拉克認為人與其他資
源不同，應當把人視為有某種生理特性、能力和局限的資源
來考量，而管理中的最大缺陷，是忽視獨特個體對社會地位
和社會功能的需求，因而他強調，個人不但是一種生物和心
理存在，更是一種精神存在。人是一種有機體，有特殊的心
理、能力和行為模式，是組織中特殊的、也是最寶貴的資

源。管理就是要重視人、尊重人、激發人的熱情、充分提升人的積極度和創造力、促進人自身的解放和全面發展，由此建立了以人為本的人力資源管理思想。

讓平凡的人做不平凡的事

杜拉克認為，所有管理的成功，根本上都是人的成功；所有管理的失敗，都是人的失敗。組織的目的在於讓平凡的人做不平凡的事，首要原則是「必須設法讓個人所有的長處、上進心、責任感和能力，都能對群體的績效和優勢有所貢獻」。管理者的最大任務不是對人的控制，而是最大限度地激勵人、發揮人的能力、使員工有成就感，挖掘員工內在的力量和智慧、激發員工的工作動機和參與感、喚起他們的工作欲望。

全面地了解人

杜拉克曾說，從他寫第一本書開始，他就總在強調人的多變、多元和獨特性。

身為組織的管理者，必須意識到「你僱用的不是一個人的手，而是整個人」，必須全面地了解一個人，了解他的長處和短處、了解他的能力與心理特徵（包括人的情感等因

素）。對人的管理，難就難在很難識別人，人是複雜的、獨特的，又是動態變化的，因此要全面地了解一個人，不僅要看他的外部表現，還要洞察他內心的心理世界；不僅要看一時一事的表現，還要放在長期的歷程中加以考察。

春秋首霸齊桓公手下有位叫易牙的人，初為宮廷的御廚。一次，齊桓公對他開玩笑，說：「寡人對鳥、獸、魚、蟲都吃膩了，只是未嘗過人肉的鮮味，不知汝可烹出此味否？」意思是說，人間的美味都嘗遍了，再高妙的廚師也不過如此而已。易牙邀寵心切，回去把自己 3 歲的兒子殺了，烹了一鍋鮮嫩的肉羹，獻給了齊桓公。齊桓公嘗後，讚不絕口，後來才得知，所嘗食物竟是易牙的幼子，大為感動，認為易牙為君王能捨棄父子之情，是天地間難得的忠臣，忠君勝過親生骨肉，實在應該褒獎重用。於是，易牙由一名廚師，一躍成為齊桓公身邊的重臣，與豎刁等人狼狽為奸。

後來大臣管仲生病，齊桓公前去探望，並問管仲：「君將何以教我？」仲曰：「君勿近易牙和豎刁。」桓公說：「易牙烹子饗我，還不能信任嗎？」管仲說：「人無不愛其子，自己的兒子尚且不愛，焉能愛君？」桓公不信其言。管仲死後，齊桓公更加信任易牙。不久齊桓公病危，易牙握有實權，糾合奸黨干政，擁立齊桓公的寵妾衛共姬的兒子作亂，閉塞宮門，桓公被活活氣死在病榻上，死後無人理睬，蟲出於戶。而齊國因發生內亂而衰敗，最後「國傾」。一代英明

的君王，在用人發生如此重大的失誤，不能不讓人深思。

易牙為博得齊王的歡心而殘殺其子，擊破人性的底線，如此的人性令人懷疑，視父母、子女情感於不顧，不可能善待他人。易牙為了自己升官發財，連自己的孩子也殺了，可說已突破了最起碼的道德底線！這樣的人，還有什麼壞事做不出來呢？

諸如易牙這種連基本的情感都不具備的人，一定要慎用。管理者全面地識人，一定要多觀察人的情感世界，透過對情感世界的洞察，掌握其真實的本質。試想，一個對父母沒有一點孝心的人、一個對子女沒有一點愛心的人、一個對親人都可斷然拋棄的人、一個對家庭沒有責任感的人、一個對同學朋友沒有信義的人、一個對老師沒有一點感恩的人、一個對家鄉沒有一點眷戀的人，又怎能讓人相信他會對公司和職位盡心盡責、對上司無私坦蕩？情感扭曲的人往往把自己的真實一面深深地隱藏起來，為達目的不擇手段，最值得讓人警惕。

前車之鑑，後世之師。《韓非子》中記載的齊桓公，死了兩、三百年之後的魏文侯，就吸取了齊桓公的教訓。魏將樂羊攻打中山國，其子在中山國，中山國君烹其子，差人送給樂羊。樂羊為表對魏文侯的忠心和蕩平中山國的決心，在軍帳中一口氣喝光了肉湯。開始時，魏文侯感動地說：「樂

羊以我之故，食其子之肉。」樂羊滅亡中山國後，魏文侯獎
賞他的功勞，但對樂羊的忠誠起了疑心，認為「其子之肉尚
食之，其誰不食？」一個連自己兒子的肉都敢吃的人，還有
什麼人的肉不敢吃，還有什麼事不敢做呢？魏文侯是聰明
的，他正確地看到了行為背後滲透的人性。

賽馬不相馬

杜拉克認為，人是複雜的、動態的，會隨著環境發生變
化，要全面地了解一個人，應破除靜態不變地看待人的傳統
觀點，把人放在管理的實踐中去了解。要有管理者不當伯
樂、賽馬不相馬、用人要疑、加強監督等用人新思路。

伯樂難當，要全面地了解人實在不易。古人曰：「用人
不疑，疑人不用」，韓愈曰：「世有伯樂，然後有千里馬」，
這些用人的理念，流行上千年，直到今天還是有很大的認同
度。而當今的新思路，則認為在理解人的問題上，所謂用人
不疑、疑人不用，是對市場經濟的反動，容易導致管理者放
縱自己、排斥監督，應該要主張人人是人才、賽馬不相馬。

用賽馬來解決識別人的問題，即為人提供公平競爭的機
會和環境，盡量避免伯樂相馬過程中的主觀局限性和片面
性。「賽馬不相馬」的識人理念，注重的是在實際工作中的
能力及表現（即工作的效果），人人都可以有平等的競爭機

會。「給你比賽的場地，幫你確立比賽的目標，比賽的規則公開化，誰能跑在前面，就看你自己的了。」

封建社會靠道德力量約束人，如忠義、士為知己者死；市場經濟則靠法制力量，需要強化監督。市場是變的，人也會變，必要的監督、制約制度，對員工來說是一種真正的關心和愛護，因為道德的力量是軟弱的，不能把員工的健康成長完全放在他個人的修練上。「無法不可以治國，有規矩才可成方圓。」在市場經濟條件下，權力失去監督就意味著腐敗。所謂的道德約束、自身修養，往往在利益面前低頭三尺。「將能君不御」，權力的下放，並不等於監督制約的放棄。越是有成材苗頭的員工、越是貢獻突出的員工、越是委以重任的員工，越要加強監督。總之，只要他們手中有權、有錢，就必須建立監督制約機制。

企業領導者的主要任務，不是去發現人才，而是去建立一個可以出人才的機制，並維持這個機制健康、持久地執行。這種人才機制，應該給每個人相同的競爭機會，把靜態變為動態，把相馬變為賽馬，充分挖掘每個人的潛質，且每個階層的人才都應接受監督，壓力與動力並存，方能適應市場的需求。

用長容短

杜拉克在用人方面充分考量人的特性，認為所謂的全

人、成熟個性的人，都是不存在的，都忽視了人最特殊的天賦——人的局限性。人都有優點，也都有弱點。一個人竭盡所能於一種活動、一個專門領域、一項成就，就容易達到卓越。管理者的任務不是去改變人，而是要讓個人的才智和健康體魄以及工作熱情得到盡可能的發揮，從而使組織的整體效益成倍成長。管理者可以不知道組織成員的弱點，但不能不知道成員的優點，以及在什麼職位可以發揮個人的特長。優秀的管理者，在用人上要懂得用長容短。

其實，杜拉克非常清楚什麼叫人才的「長處」，什麼叫人才的「短處」。

本來就沒有絕對普遍適用的標準，人的長處與短處要依環境、條件、職位和目標而定，並不是單獨存在的，長處與短處存在於相互的關係中，依外部的需求與主體的內在屬性的滿足程度。急性子有急性子的用法，慢性子有慢性子的用法；舉重若輕者有舉重若輕者的用法，舉輕若重者有舉輕若重者的用法，這取決於管理者是否用人得法、是否能夠用人所長，而不是關注於如何克服人的短處。

任何一個組織，最成功的莫過於發揮人才的長處。管理學大師、美國奇異公司原董事長兼 CEO 威爾許就說過：「我最大的成就，就是發現一大群人才，他們比大多數的執行長都還優秀。這些一流的人才，在奇異公司如魚得水。」「美國鋼鐵之父」卡內基（Andrew Carnegie）的墓誌銘：「這裡安

息著一個懂得如何讓在他身邊工作的人比他本人獲得更大成效的人。」

任何一個組織，最失敗的就是浪費人才，而之所以浪費人才，不在於管理者沒能發現人才的優點，而在於無法容忍人才的缺點。「水至清則無魚，人至察則無徒」，缺乏胸懷，對人才苛察，則會導致無才可用，最終造成事業的衰敗。

三國時期蜀相諸葛亮用人就很苛刻，結果造成「蜀國無大將，廖化作先鋒」這種人才匱乏的局面。諸葛亮在〈知人〉文中，提出了七條用人之道。

一是問之以是非而觀其志，即考察一個人辨別是非的能力和志向。

二是窮之以辭辯而觀其變，即提出尖銳的問題詰難他，看他的觀點能否隨機應變。

三是諮之以計謀而觀其識，即詢問他的計謀、策略，看他的見識如何。

四是告知以禍難而觀其勇，即告訴他艱難、禍亂，看他克服困難的勇氣。

五是醉之以酒而觀其性，即以美酒測試他的品行。

六是臨之以利而觀其廉，即以金錢之利看他是否廉潔。

七是期之以事而觀其信，即託付他辦事，看他的信用如何。

　　諸葛亮拿這七條標準嚴格選拔人才，且不敢大膽放手讓人才在實踐中成長，事無鉅細都要親自過問，從任免一個縣官到軍中打 20 大板以上的懲罰要親自決斷，無怪乎他的老對手司馬懿聽說後，很高興地斷定：「諸葛亮命不久矣，蜀軍將不足為慮。」諸葛覺一生聰明，卻在用人的問題上失誤連連，對蜀國造成嚴重的後果，原因就在於諸葛亮的用人之道太苛察人才，不能容忍人才的缺點和錯誤，總想找完人，結果無人可用。

人力資源的管理設計

　　在杜拉克看來，要發揮人的作用，就要設計好人力資源的管理機制，主要包括人與職位的匹配機制、人才的培訓機制、人才的激勵機制等。

人與職位的匹配機制

　　杜拉克認為，在職位的設定上，不能「將職位設計成只有上帝才能勝任」，而是必須滿足員工發展的需求，能夠賦予員工責任，給予員工自我實現的空間和機會。在人事安排上，不先考量職位的要求是什麼，而是考量人能做什麼、擅長什麼、長處在哪裡，取其所長、容其所短。他進一步闡

明：「組織是一種特定的工具，它可以讓人的優點發揮作用，讓人的弱點被中和，並在相當程度上化為無害的東西。」

眾所周知，在組織職位的設計中，有兩種方法 —— 因人設職位和因事設職位。一般要因事設職位，為了完成某項工作任務而設計工作職位，賦予相應的責任權利。但杜拉克發現，這種傳統的做法，也存在著如下的缺陷：

一是職位設計時的職責涵蓋太小，阻礙優秀人才的成長及發展。職位的職責設計涵蓋面太小時，在職位上的人員短時間內很容易達成該職位的要求。如果組織職位設計的初衷在於以完成任務為升遷的標準，則會造成組織成員對升遷過高的期望。而當組織缺乏足夠的、可用來升遷的職位，或組織成員升遷到管理層級頂端時，則不可避免地打擊組織優秀人才的積極度，阻礙他們潛力的發揮。

二是管理者做了下級管理者的工作。如果組織的職位設計不合理，管理者在本級職位上很容易完成工作時，往往導致無事可做，他們就很容易做許多下級管理者應該承擔的任務，這往往又會造成下屬無所事事、難以擔負其責任，阻礙他們的成長。這種做法費力不討好，既影響下級管理者的成長，又會招致他們的抱怨，甚至造成人才的流失。

三是以升遷為獎勵，職位升遷被濫用。在傳統高聳式的金字塔等級結構中，組織成員薪酬的提升依賴於職位的升

遷，其薪酬結構往往等級很多，薪資範圍太窄，組織對於
績效優秀者，往往給以更高職銜作為獎勵。當缺乏更高職位
時，則會陷入困境。

　　四是每次提升管理者到新的職位，都將是一次冒險，可
能會出現無法勝任新職位者。必須分析原因，如果很多人在
一個新的職位上都無法勝任，則必須對該職位進行更改，並
進行重新設計。杜拉克把這種職位稱為「守寡式職位」。這
個典故大概來源於 1850 年代 —— 輪船問世不久的航海黃金
時代。當航船發生致命事故及問題時，公司不是對船進行改
造，而是撤換船長。但換了多任船長，往往依舊解決不了致
命問題，對船長的撤職則變成家常便飯。

　　當然，杜拉克認為，職位圍繞人而優化，不是轉變為絕
對的因人而設職位。要避開這種現象，就要堅持四大原則：
　　一是不設無人勝任之位；
　　二是職位要求要嚴格，涵蓋要廣；
　　三是看重所用之人的長處；
　　四是欲用人所長，必要容人之短。
　　在做好組織職位、職責優化的同時，杜拉克對如何選
拔、使用人才、做好人事決策，提出了要遵循的五個步驟：
　　一是仔細斟酌任命；
　　二是觀察一定數目的潛在合格候選人；
　　三是認真思考該如何對待這些候選人；

四是廣泛討論每一位候選人；

五是確保任命者了解職位。

人才的培訓機制

杜拉克強調，組織要生存發展，就必須培養管理者，特別是培養滿足組織需求的管理團體，因為管理者是指對組織的貢獻與成果負有責任的人，培養組織未來發展需要的管理者，是一種必需。這一方面源於組織發展壯大的需求，另一方面也是因為管理人員不是天生的，而必須靠培養。

(1) 對員工的培養。杜拉克把對員工的培養視為管理者的三大任務之一，指出對員工既要視為人、又要視為一種重要的資源來培養。這種培養對組織本身而言，就是一種創新，因為在培訓員工的過程中，員工才能不斷創新和發展自己，才能不斷實現自己的價值，提升自己的潛力。員工也才會不僅把工作視為一種謀生的工具，且把工作視為滿足自己內在需求的一種方法。為員工實現自身價值、不斷提升自我而進行不斷的培訓，能夠為組織注入長久創新的不竭動力。

(2) 對管理者的培訓。杜拉克認為，培養管理者應堅持兩大原則：一是必須對所有的管理者進行培訓，以提升組織的整體績效；二是著眼於培訓未來的管理者。著眼於組織未來的發展策略目標，考量組織未來對管理者應該具備素養的需求，即未來的管理者應具備什麼樣的條件、需要什麼技

能、擁有哪些知識和能力，並以此作為培訓標準。杜拉克認
為，要培養組織未來需要的管理者，要把管理者的自我培養
與組織的培養結合起來，將管理者個人的發展願望、能力、
潛力與組織的需求相結合。從管理者本身來進行自我培養，
確立自身的優點，衡量可以為組織貢獻什麼、需要發展什
麼、未來想達到什麼目標，從而增加自我培訓的動力。從組
織層面來看，應做好管理者發展的人力資源發展規劃，在清
楚準確地掌握組織管理者現狀的基礎上，分析組織未來對管
理者的需求和目標，以及管理者的供給情況，做好管理者培
養的策略，指導管理者規劃自我職業生涯發展。

建立科學有效的激勵機制

杜拉克認為，要管理好組織的人力資源、創造組織的最
佳績效，應著力培育組織精神、塑造良好的激勵氛圍，以多
種激勵措施激發員工的責任感、創造力及活力。

1. 培育組織精神，塑造良好的激勵氛圍

杜拉克認為，組織精神決定了管理者是否有意願以及有
多大的意願完成任務，它能喚醒員工內在的奉獻精神，激勵
他們為組織忘我的工作。實際上，杜拉克心目中的組織精
神，內在的表現為員工的價值觀，外在的顯現為員工對待工
作的態度。正如比爾蓋茲（Bill Gates）所說：「工作本身沒有
貴賤之分，對待工作的態度卻有高低之別。」這決定了人們

如何確定工作的標準，而工作標準又決定著工作成效，比如廚師炒菜，如果其內在的標準是把菜炒熟，那麼他炒的菜就不管什麼味道，只要炒熟就可以；如果他定的標準是把菜炒好，他就會想各種辦法，使炒出的菜色香味俱全；如果他定的標準是最大程度地滿足顧客的要求，他就會不斷地想辦法改進，提高技能，主動徵求顧客的意見。對此，杜拉克說，「杯子已經半滿」和「杯子仍然半空」是對同一個現象的描述，但其中包含著不同的價值追求。

杜拉克認為，培育良好的組織精神，要做到以下幾點。

首先，要讓員工在理念上確立奉獻精神，能夠正確地看待付出與回報的關係。

優良的組織精神核心，是員工如何看待奉獻與獲得的關係，能否在組織中塑造出一種奉獻精神。管理者可以用下面的問題來考察組織中的員工是否樹立了正確的奉獻精神：「付出就會有回報嗎？」

你相信「付出越多，回報越多」嗎？

身為員工，如果你的付出暫時沒有得到回報，你還會繼續付出嗎？

針對「吃虧就是福」這個觀點，你作何感想？

對於付出與回報的關係，想必每個員工各有各的看法。「付出就會有回報」是每個人所希望的，同時也是大多數人

的要求。但在現實生活中，往往不是事事都能盡如人意，付出並不總能立竿見影地得到回報。然而，「成功學」中有一個偉大的定律，叫「付出定律」。它告訴人們，只要有付出，就一定會得到回報。如果覺得回報不夠，那就表示付出不夠；想要得到更多，就必須付出更多。農民在收穫穀物之前，必將付出辛勤的勞動；教師想要換來桃李滿天下，換來世人對他的尊重，就必須要在講臺上揮灑自己的青春與汗水；一名交警想獲得人們的稱頌，就要無論嚴寒酷暑都堅守在自己的崗位，維護人們的安全和利益。這些平凡的職位，都向人們揭示了一個簡單的道理 —— 只有付出，才會有回報。

　　以下這個富有哲理的故事，就生動地說明了這一點。

　　有一個人在沙漠行走了兩天。途中遇到沙塵暴。一陣狂風飛沙過後，他已不認得正確的方向。正當快撐不住時，他突然發現了一幢廢棄的小屋。他拖著疲憊的身子走進了屋內。這是一間不通風的小屋子，裡面堆了一些枯朽的木材。他幾近絕望地走到屋角，卻意外地發現了一臺抽水機。

　　他興奮地上前汲水，但任憑他怎麼抽，也抽不出半滴水來。他頹然坐地，卻看見抽水機旁，有一個用軟木塞堵住瓶口的小瓶子，瓶上貼了一張泛黃的紙條，上面寫著：「你必須用水灌入抽水機才能引水！不要忘了，在你離開前，請再將水裝滿！」他拔開瓶塞，發現瓶子裡果然裝滿了水！

他的內心，此時開始交戰著⋯⋯

如果自私點，只要將瓶子裡的水喝掉，他就不會渴死，就能活著走出這間屋子！如果照紙條做，把瓶子裡唯一的水倒入抽水機內，萬一水一去不回，他就會渴死在這個地方了⋯⋯到底要不要冒險？

最後，他決定把瓶子裡唯一的水全部灌入看起來破舊不堪的抽水機裡，以顫抖的手汲水，水真的大量湧了出來！他將水喝足後，把瓶子裝滿水，用軟木塞封好，然後在原來那張紙條後面，再加上他自己的話：「相信我，真的有用。在獲得之前，要先學會付出。」

這個故事最能反映的哲理，就是「要想取之，必先予之」。試想，一個幾近絕望的沙漠旅行者，也許沒有水，明天他就會死去。這時，他突然發現了一瓶水、一張紙條和一臺抽水機。喝掉這瓶水，他就能再堅持一會，繼續行走；當然他也可以選擇把水倒進抽水機，也許會有大量的水湧出，供他在接下來的旅途中使用，顯而易見，這很冒險，如果水沒有冒出來的話，他將很快死去。如果你是這個沙漠旅行者，你會怎麼選擇呢？

最後，旅行者選擇了相信紙條上的話，把水倒進了抽水機，而結果也正如紙條上所說的那樣，地下水噴湧而出。旅行者用實踐得出了一個結論 —— 在獲得之前，要先學會付出。

退一步來說，也許付出沒有換來加薪、升遷，但這就說明「吃虧」了嗎？人們往往忽略了工作中的那些「潛報酬」，比如經驗累積、發展機會……等。每個員工在工作中所獲得的，不僅僅是薪資，還有學習的機會、豐富經歷的機會、強化技能的鍛鍊機會……等，這些比起金錢以及暫時的升遷機會，價值不知高出多少倍！多做一點，就多了一份展現自己的機會。

付出越多，回報越多，一個勇於奉獻的人，永遠也不會吃虧！

2. 塑造組織精神必須以道德力量為基礎，以責任激勵為核心

杜拉克認為，在管理中，機械方法只能完整地儲存力量，而不能創造力量，只有道德力量才有可能獲得高於投入的產出。道德不等於空洞無物的說教，道德只有展現在行為準則中才有意義，也就是內化於心、外化於形。透過改變員工的內心，才能改變員工的行為，產生更高的行為績效，更能實現組織目標。杜拉克發現在現代工業社會中，傳統的激勵方式能產生的作用越來越小，特別是今天對廣大的知識工作者來說，「以懲罰為主，金錢激勵為輔」的激勵方式，對他們幾乎沒有影響力。用金錢賄賂這些知識工作者的手段，根本行不通。同時，杜拉克還認為，員工的滿意度也不能成為激發員工工作的重要動機，因為員工的滿意度難以衡量，

員工滿意或不滿意產生的原因也是多樣的。

在管理中，只有加強員工的責任感、激勵員工負起責任、將追求績效內化為員工的自我動機，方能從根本上激勵員工。杜拉克接著提出讓員工產生責任感的 4 種途徑。

一是慎重安排員工職位。杜拉克認為高要求的職位最能激發員工的動力，管理者應將著力點放在促使員工追求更高的目標上。

二是組織必須有針對普通員工和管理階層的工作績效標準。工作績效標準的高低，決定了員工努力的高度，特別是管理階層的高績效標準，既能平衡普通員工的心理落差，同時管理職能的優化亦能激勵員工創造最佳績效。

三是提供員工自我控制所需的資訊。組織既應該提供員工能夠衡量自我表現的評估標準，讓員工有能力控制、衡量和引導自己的表現。同時，也應該告訴員工組織的整體目標是什麼，他們所需要完成的任務與總目標有何關聯，讓其明白他們對組織及社會的貢獻。

四是培養員工的管理者願景。杜拉克認為，職務安排、績效標準與資訊僅是激發員工責任感的條件，而只有培養員工的管理者願景，讓員工站在更高、更遠的角度看待工作，認為自身的績效將影響組織的興衰存亡、將會對組織和社會造成至關重要的作用，才能激發員工負起責任。當管理者

考察員工的工作動機時，就會發現，不同的道德力量和責任感，存在於員工的內心。

假如管理者問不同的員工一個相同的問題：「你在為誰工作？」回答可能有以下幾種：

甲說：「我在為老闆工作。」

乙說：「我在為薪水工作。」

丙說：「我在為自己工作。」

丁說：「我在為事業工作。」

持有上述不同道德觀的員工，其工作的態度當然不同，工作的效果更是差別甚大。為事業工作的員工，會用自己全部身心投入工作，視工作為人生的使命，恰如美國前教育部長、著名教育家威廉‧貝內特（William J.Bennett）所說：「工作是我們要用生命去做的事。」

在西方管理學中曾有一個故事。一位管理學家在一項研究中，為了實地了解人們對同一個工作在心理上所反應出來的個體差異，來到一所正在建築中的大教堂，對現場忙碌的砌牆建築工人進行訪問。

管理學家問遇到的第一位工人：「請問您在做什麼？」

工人沒好氣地回答：「在做什麼？你沒有看到嗎？煩死了，我正在換掉這些該死的爛磚頭，害我腰痠背痛，這真不是人幹的工作。」

管理學家又問遇到的第二位工人：「請問您在做什麼？」

第二位工人面無表情地答道：「你沒看到嗎？我正在砌一堵牆，若不是為了一家人的溫飽、為了每天 50 美元的薪資，我才不會做這件工作，沒人把我們放在眼裡、沒人看得起我們，誰願意做這種下賤的粗活？」

管理學家問第三位工人：「請問您在做什麼？」

第三位工人眼光中閃爍著喜悅的神采：「你沒看到嗎？我正在參與興建這座雄偉華麗的大教堂。落成之後，這裡可以容納許多人來做禮拜，而我有一天會很自豪地告訴我的孩子們：『這座教堂是當年我參與建設的。』」

管理學家問第四位工人：「請問您在做什麼？」

第四位工作滿臉莊重、帶著嚴肅而神聖的表情，說：「你沒看到嗎？我正在建一座人類與上帝溝通的橋梁。我想到將來會有無數的人來到這裡，在這裡接受上帝的愛，心中就激動不已。」

同樣的工作、同樣的環境，卻有如此截然不同的感受。

為什麼四個人的感受會如此不同呢？因為他們對待工作的態度是完全不同的。第一種人把工作當成一種苦役，他在工作中完全感受不到快樂，可以試想，這樣的人不要說能有什麼成就，恐怕在不久的將來，他的工作能不能保住還是個問題。

第二種人是為了薪水而工作。在他看來，我為公司工

作，公司付我一定的報酬，等價交換而已，他完全看不到薪資以外的東西。這樣的人工作沒有熱情，總是採取應付的態度，能少做就少做、敷衍了事，他只想對得起自己的那份薪水，從未想過是否對得起自己的前途、是否對得起家人和朋友的期待。所以，為薪水而工作的人，注定要過平庸的生活，他永遠無法從工作中找到成就感。

第三種人不為薪水而工作，他只為自己工作，工作帶給他快樂，工作讓他有一種成就感。

第四種人視工作為神聖的使命，為了一個崇高的道德目的而工作，他們發自內心地認為工作神聖、使命光榮、值得用全部的生命去投入。抱持這種工作狀態的人，重擔和困難不會把他們壓垮，他們會用無比的敬業精神、盡一切可能把工作做到最好。

3. 組織要努力建立發揮個人特長、公平合理的獎酬機制

杜拉克認為，組織必須建立強調個人特長以及公平合理的獎酬機制，才能實現讓平凡人做不平凡事的組織目的，才能讓組織實現整體績效的提升；相反，如果組織缺乏這種機制、忽視個人的特長和個人的卓越貢獻、一味處罰員工的缺點，就必定會對組織績效及其發展造成巨大障礙，大大損害組織精神。因此，組織必須建立這樣的機制，才能形成良好的組織精神，並確保組織精神的貫徹。杜拉克給出建立和確

保組織精神以形成良好組織氛圍的 5 個方面的實踐：

一是必須建立很高的績效標準，且根據績效給予獎勵；

二是每個管理職位本身必須有其價值，而不只是升遷的踏板；

三是必須建立合理而公平的升遷制度；

四是管理章程中，必須清楚說明「誰有權制定事關管理者命運的重要決定」，管理者必須有向高層申訴的途徑；

五是在管理者的任命中，須以誠實、敬業、正直的品格，作為候選者的考核依據。

可見，組織精神不是掛在嘴上的口號，而是落實在員工勤奮敬業、組織獎優罰劣的具體行動中。組織以敬業的實踐和良好的結果為標準，選拔員工並予以獎勵，就可以促進組織精神的發展。

何謂敬業呢？在中國古代《禮記‧學記》中，就有「敬業樂群」之說。朱熹也說：「敬業何？不怠慢、不放蕩之謂也。」他還說：「敬字功夫，即是聖門第一義，無事時，敬在裡面；有事時，敬在事上，有事無事，君之敬未嘗間斷。」所謂敬業，就是認真地對待自己的工作，全心全意地做好每一項工作。敬業之人做事一絲不苟，忠於職守，認真負責，一心一意，盡職盡責，善始善終。

具有敬業精神的員工，管理者不會對他吝嗇，因為任何

管理者都願意獎勵一個對公司一絲不苟、對工作認真負責的員工。

敬業者的特點是即便遇到很普通的工作，也會竭盡全力去把它做好，這是成功者的一種工作態度。正因為這種態度，他能從最普通的工作中汲取知識，學到今後能夠不斷提升的技能。實踐出真知，每一項普通的工作，都有可值得學習的地方，踏踏實實地掌握好每一項技術，就能熟能生巧，得到對自己有用的東西。

沒有一樣東西可以輕易得到，沒有幸福會自動降臨到每個人身上，也沒有成功會自動送上門來，在這個世界上所有美好的東西，都需要人們主動爭取。快樂如此，友誼如此，時間如此，工作如此，成功也是如此。身為員工，要經常問問自己：「我能為組織貢獻什麼？」身為組織的管理者，也應經常注意獎勵敬業的員工。

機會蘊藏在平凡之中，成功者和失敗者的界限在於：成功者無論做什麼工作都勤懇敬業，絲毫不會放鬆。敬業的人能從工作中得到比別人更多的經驗，而這些經驗就是員工往上發展的階梯。敬業的員工都有一個共同的特點，那就是勤奮。沒有勤奮，恐怕也就談不上敬業了。勤奮是敬業的基礎，業精於勤。要做一個優秀的員工，就需要有不畏艱險、無怨無悔的勤奮工作態度；要有勇挑重擔、百折不撓的強

烈責任感，要有嚴謹的職業作風和嚴明的職業紀律、盡職
盡責。

雖然，勤奮不能保證工作一定會成功，但勤奮的結果一
定是豐富的。很多成功的人都是因為自己的勤奮，在工作範
圍之外還做很多別的工作，因此獲得了不少經驗。

一個敬業的員工總是在想「我能多做點什麼？」「多做
一點我又能學到什麼？」，而不是盲目地應付差事，這樣的
想法促使他勤奮工作，甚至去做工作範圍之外的事情。這麼
做的結果，就是他不僅能得到老闆的信任和嘉獎，且自身又
學到了知識和經驗。

一個敬業的管理者也總是在想「哪些員工工作踏實？」
「哪些員工能力提升很快？」「哪些員工更適合某個職位？」
這樣的想法，促使管理者發現、培養符合組織價值觀的員
工，促使組織建立公平合理的升遷制度。杜拉克認為，合理
的升遷制度能激發組織成員的雄心壯志，能夠大大地提升他
們的工作積極度，從而創造良好的工作績效。他認為，一個
公平、合理的升遷制度，應具備以下條件：

一是組織應根據績效來決定升遷；

二是必須確保所有具備升遷資格的員工，都擁有候選人
資格；

三是必須由更高階主管審慎評估所有升遷決定；

四是組織升遷應是內部升遷與外部人才引進相結合。

公平合理的升遷制度，既可有效整合組織內部人力資源，大大激勵組織成員並提升其工作積極度，還可引進組織外部人才，激發組織活力，從而充分展現對組織成員的激勵作用。

沙場點將的得與失

在實際工作中，新事業與新市場的開拓能否成功，關鍵是對主要管理者的選擇，他們是企業的第一操盤手。只有選擇了「卓有成效」的創業者與開拓者，事業才有成功的可能。而選擇第一操盤手的關鍵，則是能否擁有一雙慧眼、「透視」出新人「思維方式」的有效性。那麼，怎樣才能選到「卓有成效」的操盤手呢？讓我們先看一個案例。

A 集團為國內大型醫療的投資集團，該集團有多家子公司，經營近 10 年，業務和業績穩步成長與提升，集團總體規模已近 10 億。集團為了持續發展，早在兩年半前，投資了一家具有一定科技水準的新科技公司，並任命了已來公司多年的新專案開發部王總經理為該新科技公司的總經理，全權負責新公司的經營管理。王總經理具有多年出國留學背景，之前曾協助集團總裁做過一系列策略性規劃與輔助性工作，

在集團總部的經理中，各方面都表現突出，以理論與技術見長，深得總裁的賞識。

新科技公司成立後，一直依賴集團的資金投入，市場開發的規模越來越大，分支機構數量逐漸增加，但其開發的十幾個分支機構，創立兩年半始終無一獲利，公司虧損從每月的一、兩百萬，逐漸上升到七、八百萬。而從表面上看，企業內部管理「井井有條」，經營有序。但實際上各部門間缺少統一的經營思路，各自為政，相互推諉嚴重。儘管如此，王總經理仍試圖說服集團持續投入，集團決策者陷入兩難的境地。一方面，如果中止投入，新科技公司將會出現資金斷裂，經營將陷入癱瘓，之前的投入也將前功盡棄；另一方面，如果持續投入，短期扭轉虧損的可能性似乎不大，每月仍繼續維持高額虧損，必將為集團帶來巨大的資金壓力。讓人憂慮的是，新科技公司的王總經理短期內仍拿不出讓集團看到希望的有力措施與方案。

分析該公司經營失誤的原因，可歸結為以下兩點：

第一，集團「識人」的偏差。集團決策階層任命王總經理為新科技公司的總經理，主要看中王總經理的高學歷與留學背景，積極表現、忠誠、策劃與專案的能力，而沒有考量到王總經理缺乏獨立經營的經歷。王總經理原本的工作是在總部負責專業性的參謀性與輔助性工作，缺少基層的鍛鍊，

更缺乏有效掌控經營隊伍的組織能力，他的「有效性」並沒有得到市場的驗證與業績的考驗，新操盤手的選擇出現了「偏差」。

　　第二，集團「管人」的偏差。新公司成立後，集團過度信任王總經理的為人與「表演」，單純給予新公司資金的支持，缺乏過程管理、缺乏客觀與理性的監督與考核、更缺乏經營與管理的分析與指導；而王總經理本人由於缺乏對創業管理的本質理解，為了提高自己的「表面」經營能力與存在感，爛攤子越鋪越大，背離了新事業的「獲利」宗旨與方向，沒有將經營的「有效性」視為一切問題的考量中心，單純地認為 A 集團資金雄厚，力圖擴大新公司的表面實力與形象。在長達兩年多的經營中，始終無法有效地讓自有資金與現有資金產生出足夠的自由現金流，最終，使新科技公司陷入經營的困境，讓集團原先的計畫成為泡影。從此案例中，我們還可以看出，集團缺乏「科學用人」與「理性考核」的管理機制，缺乏過程性監督與階段性評估，並存在著備份人才缺乏等問題。

　　在分析失誤原因的基礎上，我們從中可以得出以下幾點結論：.

　　結論一：事業中的「原點」—— 有效的管理。杜拉克在《卓有成效的管理者》一書中認為，知識經濟的新時代與

新組織，管理者已成為現代企業經營的「原點」。事業成敗的關鍵在於能否選擇「卓有成效」的管理者，經營的成敗在相當程度上是由管理者是否「卓有成效」所決定。有效的管理者，是開創事業的最關鍵因素，智力、想像力、知識、時間與資金等所有資源都是輔助性的、相關性的。各類資源本身具有一定的局限性，只有透過管理者卓有成效的工作，才能將這些資源轉化為成果與績效。而無效的管理者，則無法將有限的資源在一定時間內轉化為有效的成果。在現實中，如何在短期內判斷一位管理者是否具有「有效性」，往往極其困難，人們常常被管理者的一系列「表象」與「表現」所迷惑，一旦判斷失誤，無效性將在整個經營系統中呈現放大性與連鎖效應，致使整個事業前功盡棄、功虧一簣。

從這個意義上來說，主管甄選表面上看，就像「事業的賭博」，決策者就成了「事業的賭徒」，其實不然。

結論二：原點中的「原點」── 主管的有效性「甄選」。按照杜拉克的觀點，管理者是否「卓有成效」，是由管理者的「思維方式」所決定的。「思維方式」是在日常的工作實踐中逐漸形成的，並非天生的遺傳基因。它本質上是一種思考問題的習慣，進而形成工作中處理問題的習慣與管理習慣。而管理者的「思維方式」是否有效，是由管理者本身的「成果表現」與「業績表現」反映出來的，因此，對新管理者的評價，應基於之前的實踐考驗與過程考察、應基於

前期的業績考核與綜合人事考察，也就是應基於對其「思維方式」的洞察與解析。按照杜拉克的論述，管理者的有效性似乎跟他的學歷、勤奮程度、性格與忠誠度等因素無直接相關，而與「能否」獲得成果有直接關聯，善取成果與善取業績的「特性」與「素養」，往往是由艱苦的經歷與閱歷鍛鍊而成的。有能力的主管，都是經過在基層艱苦與平凡的工作中磨礪出來的。從這個意義上來說，在一個可比較的大組織內，持續的經營數據與經營績效，是檢驗管理者「是否有效」的唯一證據，而除此之外的表現，積極、忠誠與勤奮、附庸風雅的「學歷」等，都不能做為是否「卓有成效」的關鍵檢驗指標。

　　結論三：原點是可以「培育的」。按照杜拉克的觀點，有效性是一種後天形成的獨特習慣與習性。這種特性的養成，單靠在學校裡的學習是不夠的，單靠一定的工作實踐與經歷也是不夠的，要靠管理者在實踐中不斷感悟，在感悟中不斷實踐，才能逐步養成有效的思維方式、工作技能、行為習慣、做事與做人的風格，最終形成「卓有成效」的素養。從這個意義上來說，有效的管理者不僅可以科學地「甄選」，還可以定量地「生產」與「培育」。如果企業具有人才「生產」的意識與打算，逐步建立專業化人才選拔、培養、使用與篩選體制與機制，必將大大提升經理的整體有效性「指數」。這麼做既提高了主管甄選的空間與範圍，又提

高了主管甄選的品質與層次，還會大大提高企業新事業開拓的安全性、穩定性與可持續性。

根據長期的企業管理經驗，作者認為甄選「卓有成效的管理者」，要掌握 3 個關鍵點。

1. 疑人不用，用人不疑

疑人不用，用人不疑，就是指從成熟的事業中，甄選新事業的操盤手。很多企業在快速發展中，會週期性地遇到新事業與新市場操盤手「人選」的瓶頸，出現週期性的人才短缺與「骨質疏鬆」。一個重要原因，是決策者缺少事業發展與組織成長的統一思考，缺乏系統的經理培養與選拔的規劃。依我的管理經驗，成熟事業的「資深主管」與「新苗」，應是新事業操盤手選擇的主要來源，新市場的開拓應從老市場經營成功的年輕經理中選拔。這就要求在老事業與老市場的經營過程中，決策者始終將觀察、甄選與培養經理，作為從事老事業的一項重要工作，透過分析業績、經歷，驗證其經營的有效性，透過研究其成長經歷，了解其「思維方式」的有效性。只有平時重視細節考察、業績與成果考察，決策者才能在新事業發展的關鍵時刻與轉折時刻，自信地做到「疑人不用，用人不疑」。

從「老事業」中選拔「新事業」，管理者應至少有三點依據。依據一：新人在老事業中的閱歷，充分考驗了其經營

237

能力；依據二：老事業往往是個龐大的體系，在大體系成長起來的新經理，往往具有大型組織的人事感受，在帶隊伍方面，往往具備一定的人氣與影響力；依據三：新事業操盤手的人選應是較為苛刻的，選擇本身就充滿著冒險性，新人選拔的關鍵是綜合能力與平衡能力，既要具有業績的拓展性與衝擊力，又要具備帶隊的組織平衡感，這兩大指標的比例與可變性，將決定新經理的「整體有效性」，或稱為「有效性指數」。

B 企業是國內大型的工業品製造商，過去的市場主要集中在北部，公司欲分步驟、分階段開拓中南部市場。在選擇分區經理的過程中，行銷總監面臨多種選擇：是選擇空降部隊呢？還是選擇內部提拔？是側重業務性人才呢？還是側重管理性人才？是看重活力與熱情呢？還是看重決策力與執行力？經過思考，行銷總監與人力資源部經理、銷售部經理反覆交換了意見，系統研究了近 2 年來在北部分區中各位經理的業績、團隊成長、內部管理與客戶維護等諸多因素，最後選拔出兩位經得起業績與管理檢驗的年輕經理，這兩位新人雖然年紀偏輕，但經過近兩年的業績檢驗，在眾多候選者中，他們的業績增幅雖然不是最大、最快，但成長的連續性與穩定性較強，他們所帶的團隊穩定性與成長性也最好。

新經理上任一年，的確不負眾望。他們在做業績與帶團

隊兩個方面，均創造了較為優異的業績與成果，這為企業持續地開發新市場、新區域，累積了一定的經驗。

2. 疑人要用，用人要疑

疑人要用，用人要疑，是指重視過程管理，理性甄選。「新人」走進新事業的前期過程尤為重要，此時決策者應將過程考核與過程培養有系統地結合起來，在引導中考核、考察與考驗，在考察中引導、培養、培訓。新經理是否能適應新市場與新事業，前端的考查、調整與引導是否得力，往往是甄選「能否成功」的分水嶺。在實踐中，可能會出現兩個極端的現象：一種可能，新經理上任，很快適應新環境與新事業，成績立竿見影；另一種可能，新經理開局不利，業績與組織很快都陷入困境。

此時決策者應及時引導新經理，首先是樹立信心，其次是調整經營策略，合理配置資源，探索出新的獲利模式，盡快獲得業績。如果引導及時得力，「新人」可能會及時走出困境，從職業化用人的理性思路來看，就是「疑人要用，用人要疑」。

當然，過程管理也不是萬能的，可能需要時間，但現實是殘酷的，經營的週期局限將不得不淘汰新事業「無效的」操盤手。因此，前端的過程考核與引導，應是對「早期任命」的有效彌補。睿智的決策者應既重視前端過程，又要重

視過程考核與引導。要建立過程考核與引導機制，需要企業
不斷提高自身職業化與專業化的管理意識與機制平臺。

3. 選人不疑，用人不憂

選人不疑，用人不憂，是指建立職業化的主管選育機
制。新事業與新市場持續的發展，關鍵在於不斷選拔出「卓
有成效」的新主管。企業要擺脫對新事業的「賭博」，必須
建立起科學的與職業化的主管選拔機制，將培養主管的體系
納入企業發展策略的基礎框架中。按照杜拉克的觀點，管理
者是可以「培養的」，卓有成效是可以「學會的」，如果企
業建立了「培養」機制與體系，優秀的主管就可以不斷創造
與「複製」出來。因此，能否建立科學的、可持續發展的人
才培養機制，已成為企業發展的關鍵策略。

在實踐中，我們的方案可以概括為一句話，就是建立
「選」、「育」、「練」三位一體的主管培育「三步徑」。

第一步 ── 「選」，即大範圍的選拔。這是指主管的
選拔要從企業的基層「著眼」與「著手」，身為管理者，應
從企業的基層中去選拔與培養具有潛力的「種子」。透過實
際的業績考驗，考察種子的「有效性潛力」。只有經過時間
的考驗、業績的考驗和人事的考驗，才能給予提拔的機會。
從管理階層來看，企業越大、層級越多，管理者越應從各層
級中選擇「種子」與「幼苗」，持續觀察考驗，以實際績效

能力作為唯一有效性的測試標準。慎重對待被選者所表現出來的「忠誠」、「積極」、「高學歷」與「好人緣」等特質與特色。

　　第二步 —— 「育」，即計劃週期培養。這是指行銷組織應與人力資源部門緊密配合，在行銷體系中設計出年度預算與培訓計畫。應落實以下三項工作：第一項是理論學習，透過每季、每月或每週持之以恆的組織生活，要求全體主管無一例外地進行理論學習，企業根據自身現況尋找經典但又相對通俗的簡單讀本，長年累月、堅持不懈地學習。有數據顯示，日本 500 大企業，有多家均有設定理論學習的名著與專著，以每週或每月為單位，堅持不懈地組織學習。要應對未來的新挑戰，經營與管理的理論是提高主管隊伍綜合素養的基礎，這也是促使管理團隊建立統一追求與達成共識的前提。第二項是集中引導，透過定期的經理會議，統一大家的思想，確立當前的經營策略與管理原則，透過交流、爭論、溝通與引導，使絕大部分的主管能在經營宗旨與經營策略的方向上統一思想。思想共識與思維方式的趨同，是產生協同效率與整體系統效率的根本。第三項是個別交流，是指企業的主要主管對於新人，應注重親情式的個別交流，以關心新人日常的生活細節與工作細節作為契機，用家庭式的關愛，營造出組織育才的平臺，針對個別主管的特點與典型問題對症下藥，有效地引導特色人才的成長。

　　第三步——「練」，即關鍵時刻的重點訓練與考驗。新主管應是在新環境與艱苦環境的考驗中逐步成長的，他們絕對不可能靠「溫室般的關懷」而成長。俗話說「將軍出於卒武，宰相出於布衣」就是這個道理，真正有能力的主管，都是在事業的熔爐中「考驗」出來的。新事業熔爐的「考驗」，不僅考驗其經營能力與組織能力的單項指標，考核其「業績成果」與「組織成果」，更重要的是考驗新主管面對新局勢、新問題與新困境的變通性與柔韌度，考驗經營與帶隊兩項能力的協同性，檢驗新主管的自我調整與自我創新的能力。因此，新事業應是考驗、考察主管的試金石。我們只有建立專業性與系統性的績效考核與人才評估制度，才能理性、客觀、持續地在「歷練」中評價，在「實踐」中驗證。對於無法承擔經營使命與責任的新主管，應考慮更換與撤換；對經得起「考驗」的新經理，應持續委以重任，主管的「有效性」就是這樣練成的。

　　C 企業為一家小型的專業服裝製造商，創立 5 年後，業績已達 3 億元，但在近 3 年裡，業績一直徘徊不前，直銷類的行銷體系一直處於人員變動的狀態，周圍區域的競爭對手紛紛來挖角，形成週期性的人才流失，企業罹患短期的「骨質疏鬆症」，行銷總監整天焦頭爛額，對新市場的開發，企業在發展中出現了嚴重的組織缺失。企業團隊在參加過多次培訓後，痛定思痛，逐漸意識到當前的人力資源體系已無法

支持企業持續變強，必須強化人力資源部的配置，提高人力資管部的級別，加大其年度與季度預算，將人力資源部提升到企業策略的層面與高度。

　　人力資源部強化後，行銷體系的新主管選拔、培育與考核三管齊下。其一，加大應徵預算、擴大應徵面、提高應徵水準，如突破原先專業瓶頸的局限，將相關行業作為應徵的選擇對象；其二，加大培訓預算，提高培訓老師與培訓教材的品質，週期性與連續性地強化對新主管的培訓；其三，優化與再創新考核制度，規劃出高、中、低三個不同的成長區，設立不同的考核指標，分級考核，獎優罰劣，在實踐中持續探索，逐步摸索出一套適合本行業的系統性考核制度。經過一年多的努力，行銷組終於建立起較為職業化的人力資源體系，新經理的層層選拔與持續的培養，有力地支撐了業績的持續成長。

第 8 章　創新管理

「創新才是令一個社會健康發展的有效方式。」

「創新像受到颶風吹襲的海洋表層下的暗流，操控著人類的命運。」

「創新就是機遇，不創新就會滅亡。」

「社會創新業已成為 20 世紀管理的最主要任務。」

「工商企業的兩項基本職能，就是市場行銷和創新。」

「疏於創新是既存組織日趨萎縮的唯一重要原因；而不懂得如何管理，則是新組織走向失敗的唯一重要原因。」

「創新就是為改變資源給予消費者的價值和滿足的行為。」

「創新是企業家精神的象徵，企業家精神是一種行動，而不是人格特徵。」

「我們無法左右變革，我們只能走在變革前面。」

「成為一位變革的領導者才是上策。」

在杜拉克的筆下，無論政治、經濟、科技、文化；無論是歷史悠久的大企業，還是新創辦的小企業；無論是企業界還是非營利機構和政府，處處都有創新的機會，人人都可以成為企業家。他認為創新是組織的一項基本功能，是管理者的一項重要職責，它是有規律可循的實務工作。創新並不需要天才，但需要訓練；不需要靈光乍現，但需要遵守紀律（創新的原則和條件）。因此，創新是可以作為一門學科去傳

授和學習的，如何在創新中尋求發展，在蛻變中尋求生存，相信你將在杜拉克管理的創新思想中找到精粹。在金融危機席捲全球的冬天，如何在危機中創新以滿足現有顧客需求，相信你能在杜拉克的語錄中，找到最終的答案。

創新的內涵

在杜拉克管理思想的發展過程中，創新貫穿始終，並滲透於他的管理理論的各個領域，成為其思想體系的核心。在不同的發展階段上，以及在不同的管理領域中，杜拉克對創新的意義進行了不同的界定，試圖揭示創新的豐富內涵。

創新是有系統地拋棄昨天，有系統地尋找創新機會

杜拉克對創新思想的理解，深受熊彼得創新思想的影響，杜拉克的父親與熊彼得是好朋友，早年的杜拉克受過熊彼得的親切教導，對其創新思想的形成，產生重要的作用。

熊彼得在《經濟發展理論》（*The Theory of Economic Development*）一書中，首次提出創新的概念並予以解釋：「創新是把原來的生產要素重新組合，改變其產業功能以滿足市場需求，從而創造利潤。」

熊彼得認為，創新固然會創造利潤，但是創新的前提是創造性的破壞，因為創新會破壞現有的經濟模式，但破壞之

後，新的取代舊的，結果更美好。

　　杜拉克對創新同時是創造性的破壞這個思想進一步加以闡述和深化。熊彼得有句名言：「創新同時是創造性的破壞，它讓昨天的裝置和投機過時。」杜拉克在高度評價熊彼得創新思想的基礎上，提出了自己對創新內涵的理解：「創新是有系統地拋棄昨天，有系統地尋找創新機會。」理解杜拉克對創新的這個界定，需要弄清楚的是 —— 拋棄昨天的什麼？為什麼要拋棄昨天才能創新？如何尋找機會？什麼叫有系統？

　　一是拋棄什麼和為什麼要拋棄？杜拉克認為「昨天」是個比喻，是指已經存在的過去，當然包括過去的成果、過去的成功經驗等，是相對於創新的新事物而言的舊事物。杜拉克說：「為了獲得更新、更好的事物，你必須摒棄過時的、無用的、不再具有生產力的事物，還要摒棄過去錯誤的和失敗的努力方向。」組織為什麼需要拋棄舊事物？杜拉克認為，最重要的一個理由，就是為了儲存而保有，在保有舊的並日益衰落的產品、服務、市場、技術的過程中，而逐漸走向保守，這些必將阻礙新的、有廣闊發展前景的產品、服務、市場和技術的出現與成長。沒有系統地拋棄舊有的、現存的事物，就不可避免地成為新事物成長的障礙。拋棄舊事物就成為創新的前提條件，只有卸下明天的包袱，才能輕鬆地創新明天的新事物。杜拉克敏銳地看到，在當代資訊科技

不斷發展的條件下，儲存昨天會變得越來越困難，外部複雜而動態的變化環境，會迅速影響組織內部，決定組織的生死存亡；那些沒有斷然拋棄昨天的意識、捨不得拋棄昨天的態度，就會把資源和精力放在儲存昨天上，在無謂耗費時間中錯失機遇，當然不可能有機會創造明天。

二是如何尋找未來機會？杜拉克認為，創新型的領導者應主動、定期對組織現有的每一種產品、每一項服務、每一個流程、每一個市場、每一位顧客審慎地進行觀察和追問：「假如我們未曾做這件事，以我們今天所知，能不能做？」在追問中，就可以發現創新的機會。

三是何謂「有系統」？杜拉克認為，對昨天的拋棄和對明天機會的追尋，是有系統的，拋棄昨天不是拋棄個別的存在，而是主動地、有序地拋棄。他說，要拋棄什麼和如何拋棄，必須有系統地進行，不然舊事物就會被擱置，因為舊事物也是一種系統性存在。只拋棄個別的，但系統中的協調性和結構性，因為慣性而會繼續保有舊事物存在的條件，繼續成為阻礙新事物出現的保守因素。他強調：「它們必須有組織地放棄，這是一項非常困難的工作，因為大部分組織對自己的產品有著強烈的感情，這也許是創新甚為困難的原因，因為系統性地拋棄，將會是一個十分困難的過程。」為此，杜拉克建議，最好的、也是唯一的辦法，就是徹底建立一個創新專案，將它視為獨立的業務。也就是說，對新事物的建

構，也需要系統地建立，不是一時的靈光乍現。杜拉克非常反對非系統性的靈感式創新，他說：「創新與天才及靈感幾乎無關，它是一項艱苦的系統性工作。」創新是要在現存的管理結構之外，而不是在現存的管理結構之內、獨立地建立一個開創性的冒險事業。杜拉克對此警告：「只要我們仍用已有機構來承擔企業家與創新專案，則注定會失敗。」杜拉克的創新觀並不著眼於一個新產品的發明或修改一個舊產品，而是著眼於一個整體系統的變革，建立全公司員工共同認同的創新文化。

英特爾公司是全球最大的半導體晶片製造商之一，成立於 1968 年，具有幾十年產品創新和市場領導的歷史。1971 年，英特爾推出了全球第一個微處理器。這一舉措不僅改變了公司的未來，且對整個工業產生了深遠的影響。微處理器帶來的電腦和網際網路革命，改變了這個世界。2002 年 2 月，英特爾被美國《財星》週刊（*Fortune*）評選為全球十大「最受推崇的公司」之一。

英特爾的創始人高登‧摩爾（Gordon Moore）早在創業之初，就在《電子學》雜誌（*Electronics Magazine*）第 114 頁發表了影響科技業至今的摩爾定律：

積體電路晶片上所整合的電路數目，每隔 18 個月就會增加一倍；

微處理器的效能，每隔 18 個月提高一倍，而價格下降 1/2；

相同價格所買的電腦，效能每隔 18 個月增加一倍。

摩爾定律催人創新，構築了其賴以成功的商業模式：不斷改進晶片的設計，以技術創新滿足電腦製造商及軟硬體產品公司更新換代、提高效能的需求。摩爾提出，只有不斷創新，才能贏得高額利潤，並將獲得的資金再投入到下一輪的技術開發中去。葛洛夫在高登·摩爾的邀請下加入公司，成為英特爾的創辦人之一，葛洛夫的名言「只有偏執狂才能成功」，反映著深深的危機意識和進取精神。

在英特爾推出第一塊用於個人電腦的 4004 型微處理器一年後，英特爾又推出更新產品 4008，但這段時間，微處理晶片還未廣泛應用於 CPU。英特爾公司毫不放鬆，一年後又開發出真正通用型的微處理器 8080，使英特爾成為 8 位元晶片市場的領導者。由於市場前景十分看好，競爭對手很快也就開始生產 8 位元微處理器。為了保持競爭優勢，英特爾隨後推出了速度更快、功能更多的 8085 型 8 位元處理器，並調集人員，開始研製 16 位元的 8086 處理器和先進的 32 位元 432 型微處理器。英特爾為了確保市場份額、抵禦其他製造商的競爭，確立了「永不停頓、不斷創新」的企業理念。

英特爾在技術方面不斷加強科學研究開發，並努力拓展產品的適用範圍，始終牢牢地掌握產品更新換代的主動權。

從 1985 年起，英特爾就與康柏（Compaq）聯合研製以 80386
微處理器為基礎的新型電腦，並於 1987 年成功地推出運算速
度比 IBM 個人電腦快 3 倍的桌上型 386 電腦。1991 年，英特
爾又與 IBM 公司達成一項為期 10 年的微處理器協定，研製
能用一塊晶片代替許多電腦晶片，且容量更大、速度更快的
處理器。

　　但英特爾並不滿足於現狀，依然以極大的頻率「自己淘
汰自己」：1993 年 3 月，英特爾推出微處理器的第五代 CPU
產品──Pentium（奔騰）。1999 年，英特爾已不再滿足於
全球最大電腦晶片供應商的角色，開始挺進網路市場，並推
出新一代的 Pentium（Ⅲ）。2006 年 7 月 27 日，英特爾發布
了 10 款個人和企業的桌上型電腦、筆記型電腦和工作站電腦
（Workstation）的全新英特爾酷睿™雙核處理器與英特爾酷睿
處理器至尊版。新產品在效能提升 40％的同時，功率降低了
40％。

　　幾十年的發展歷程，英特爾公司讓人們真切地感受到創
新才能使企業獲得永久的活力。

　　一位英特爾的員工描述英特爾人的個性：很激進，有主
動進攻的意識。英特爾在公司中確立了企業價值觀的 6 項內
容：以客戶為導向、紀律嚴明、品質至上、鼓勵嘗試冒險、
良好的工作環境、注重結果。

　　貫徹公司價值觀，首先要由高層人員帶頭，要訓練出忠

於公司文化的高層管理者和總經理。一些看起來不太重要的小事，如果高層管理人員不努力做好，就會影響到全體員工的執行，所以，公司的主要領導這都要人人倡導對事業執著進取的價值觀。公司總裁巴雷特（Craig R. Barrett）說：「如果有什麼關鍵因素指導我們推進企業發展，那這個關鍵因素就是公司文化。」1980年代，世界上風靡「走動式」管理，這種管理模式是強調企業家身先士卒、體察下屬、了解真情，又被稱為「看得到的管理」。企業主管經常走動於生產第一線，與員工見面、交談，希望員工對他提出意見、能夠了解他，甚至與他爭辯是非，這是一種現場的管理。身為跨國公司的總裁，每年巡視英特爾公司國內外的所有工廠，已成為巴特雷的工作慣例，人們給他一個稱號——「環球飛行管理者」。他擔任公司高層管理工作已經有15年，他的家在英特爾公司最大的製造基地鳳凰城（亞利桑那州），而不是英特爾公司設在矽谷的總部。前總裁葛洛夫說，巴雷特的累積飛行里程，足以買下美國西部航空公司了。

巴雷特的早期工作是負責英特爾公司的品質保證計畫，他像偵探一樣執著，像研究人員一樣急切地尋找解決問題的途徑。1986年，公司高層領導者諾伊斯（Robert Norton Noyce）、摩爾和葛洛夫要巴雷特弄清楚日立、NEC和東芝為什麼有那麼高的效率，儘管當時有很多美國人抱怨日本公司以低於成本的價格向美國傾銷產品，但一個不可否認的事

實是，日本在晶片製造上的速度和品質是無與倫比的。實際上，此時的英特爾公司，由於在競爭中慘遭打擊，已從一度是該公司支柱產業的記憶體製造領域全線撤退，解僱了將近 30% 的員工，才讓公司沒有倒閉。在慘澹經營的那些日子裡，巴雷特向購買晶片的大主顧們打聽他們在日本供應商參觀時的見聞，他還親自到英特爾公司自己的日本合作夥伴那裡進行調查，且研究每一個有關競爭者如何設計和管理他們業務的公開或學術上的資訊。回到公司後，巴雷特從頭到尾改革了英特爾的製造流程，且設計了一種能夠在所有工廠快速推廣的新製造技術。

英特爾公司決策階層認為，經過多年的穩步成長，在組織中既形成了創造力，也孳生了一些壞習慣，組織變得臃腫而沒效率，公司必須捨棄舊習慣、舊文化，開拓新的業務，以文化推進經濟成長。

巴雷特認為，組織文化的成長是分階段的，一般分為誕生期、青春期和成熟期，要克服組織文化在每個階段的危機，就需要一個文化的轉型，這個文化轉型可能是來自內部機制的要求，即使是社會形態和工作固定在某一個階段上，在組織從誕生向青春期到成熟期的成長過程中，組織文化也會經歷一系列變革。

在年輕的、剛發展起來的組織中，其文化可能是專制式的，也可能是合作參與型的。如果工作配置是個人化的、工

作技術是手動操作的、組織設計是簡單的、直線式的,整個組織很可能是創業者個人的影子;反之,如果工作配置是自主獨立的、工作技術是日新月異的、組織設計是矩陣式或系統式的,組織的文化就可能是合作參與型的。當組織向青春期發展時,需要培養身分意識,加強控制,它的文化可能傾向於官僚主義;當組織邁向成熟期,對創新的需求可能重新出現,面對日新月異、動盪不定的技術環境,組織設計要變成有系統的、工作配置要成為獨立自主的、企業文化則要求變成合作參與型的。如果競爭較少而且技術穩定,組織的設計可能會維持機械、保守、缺乏改革意識。目前,絕大多數開發中國家的文化,有偏向專制的傾向,社會上官僚主義的結構,基本上獨領風騷。而在已開發國家中,則極力向合作參與型轉變。由於處於前沿的科學技術、有效個人需求層次和滯後的組織設計、工作配置及社會準則之間的不協調,會導致內部改革的張力,執行長的取向在發展一種合適文化的過程中,會產生關鍵作用,發展出來的這種文化,應能和組織發展階段、工作及員工的專業化程度,及占主流的社會形態……等相一致。當社會形態、組織設計、工作配置、執行長的取向、人們的需求……從傳統往大規模生產和以後的階段邁進時,組織的文化也必然會變革;但文化變革不是輕而易舉的,組織在一段時間內,會籠罩著一層「外殼」而不易改變,人們的觀念也會穿上「鎧甲」而不願變化,所以,組

織文化的變革會經歷陣痛，跨越了這個階段後，企業就會形成與新業務和新發展方向相適應的組織文化。

2006 年 1 月 4 日，英特爾發布了一句新的宣傳標語：「Intel Leap ahead（超越未來）。」新標語代表英特爾獨有的品牌承諾，旨在傳達英特爾公司發展的原動力及英特爾公司追求的永無止境、超越未來的目標。

英特爾公司高階副總裁兼全球市場行銷部總經理這樣表示：「『英特爾 —— 超越未來』雖然只是一條簡單的標語，卻可以清晰地闡明我們的身分和使命。它是英特爾公司優良傳統的一部分。我們在英特爾公司的使命就是不懈追求、推動技術、教育、社會責任、製造以及在更多領域中的下一次飛躍，不斷挑戰自我。它所反映的是英特爾技術將會為每個人帶來更加美好、更加豐富以及更加方便的生活。」

包括英特爾公司在內，所有偉大的公司之所以偉大，就在於創新，就在於自覺地、系統地拋棄過去、尋找未來的機會，創造未來、塑造未來，超越未來。

創新是為改變資源，給予消費者價值和滿足的行為

杜拉克認為，創新行動賦予資源一種新的能力，使它能夠創造財富，以滿足消費者的價值和需求，這也成為判斷創新與否的標準。有系統地拋棄舊事物，僅僅是創新的前提條

件、為創新掃清障礙，但其本身並不是創新，更不是創新的完成。只有產生對資源新能力、新屬性的認知，且這種新能力能滿足消費者的需求，才意味著創新的產生。杜拉克舉例：「最初發現青黴素（盤尼西林）也是一種有害的東西，不是資源，細菌學家培育細菌時必須費很大的力氣，才能抵制它的侵害。到了 1920 年代，倫敦的一名醫生弗萊明（Alexander Fleming）發現這種有害的東西，正是細菌學家苦苦尋找的細菌殺手，青黴素才成為一種有價值的資源。」這也就是說，發現青黴素並不是創新，只有賦予青黴素可以殺滅細菌的作用、可以挽救許多被細菌感染的病人時，青黴素才成為對人類有價值的資源，才真正成為一項創新。在杜拉克關於創新行為的界定中，開發某項新技術、產生某種新產品，並不意味著創新的完成，只有發現其對人的價值時，才是真正的創新行為。

在這裡，杜拉克特意提醒道：「不能把新奇與創新混為一談，它們的分野在於創新能帶來價值，而新奇的東西不過是好玩而已。」新奇的東西如果不能與人的主體價值性連結、不能為消費者帶來新的價值，它就不是創新。創新能夠賦予事物新的價值，因而，對一個創新的考驗，並不是我們喜不喜歡它，而是顧客喜不喜歡它、願不願意花錢去買它。創新不一定是技術上的，甚至可以不是一個實實在在的東西。

257

　　創新包括有形的創新和無形的創新。有形的創新產生了新技術、新事物，容易被人們所重視；但無形的創新（如社會創新）同樣能為人們帶來極大的價值，但往往被人們所忽視。杜拉克以日本在 20 世紀的崛起為例，說明創新並不都是與實在的東西相關。當然，日本經濟的迅速發展，離不開科技上的創新，但更重要的是，為什麼能產生科技上的創新？其根源在於無形的社會創新。他認為這種無形的社會創新，遠比蒸汽機車頭或電報更加重要，也更難實現。不管哪一種創新，其本質都是為人們帶來新的價值，都是改變資源，給予消費者價值和滿足的行為。

創新是企業家精神的實踐

　　在杜拉克看來，創新是企業家精神的特殊展現，是企業家創造財富的源泉，也是企業家發揮現有資源潛力、創造財富的不二法門，無論是社會還是經濟、公共服務機構還是商業機構，都需要創新與企業家精神。經歷了兩次世界大戰的杜拉克，深知革命的巨大破壞作用，他希望用創新和企業家精神來代替革命。相對於「急風驟雨」式的革命，創新和企業家精神是「微風細雨」，是革命的替代品，每次只會改變一點點，在變革和持續的平衡中，促進社會的進步。杜拉克的創新思想始於企業家經濟，而終於企業家社會，貫穿始終的是企業家精神。他說：「經過多年思考，我意識到，變革

也是需要管理的。實際上，我逐漸意識到所有機構 —— 無論是政府、大學、企業、工會還是軍隊 —— 只有透過在其自身結構中建立系統化、有組織的創新，才能保持連續性。這最終促使我寫成《創新與企業家精神》一書（1985 年），嘗試把創新這個學科作為系統化的活動來管理。」正如管理已經成為當代所有機構的特定器官、成為我們這個組織社會的整合器官一樣，創新和企業家精神也應該成為社會、經濟和組織維持生命活力的主要活動。這要求所有機構的管理者把創新與企業家精神作為企業和自己工作中的一種正常不間斷的日常行為和實踐。企業家精神的實質就是創新，唯有創新，才能在動態、不均衡中建立社會，也唯有這樣的社會，才具有穩定性和凝聚力。

何謂企業家精神？在杜拉克看來，企業家精神不在於規模或成長，不是人格特徵，而是一種獨特的特性。

企業家精神是不斷追求創新的精神。這種創新的要點，不是對原有的一切斬草除根，而是以循序漸進的方式進行 —— 這次推出一個新產品，下次實施一項新政策，再下一次就是改善服務。這種創新不僅要創造一個好的品牌，而且能夠透過不斷追求產品品質的改進與提高來維護、發展和完善這個品牌，並透過這種創新，來獲取最大限度的長期收益。他舉例說，麥當勞不僅大幅度地提高了資源的產出，還開創了新市場和新顧客群，這就是企業家精神。如今，新

一代的企業家們又致力於將醫院改變成專業化的「治療中心」，包括流動的外科診所、獨立的婦產科中心和心理治療中心。與傳統醫院不同，他們的工作重點將不再是對病人的護理，而是針對病人的「專門需求」。

杜拉克認為企業家精神，最主要的任務是做與眾不同的事，而非將已經做過的事情做得更好。它們並沒有事先規劃，而是專注於每個機會和各種需求，永遠以市場為導向。能夠根據市場經濟發展的實際面向，對市場結構、市場分布進行分析與比較，並透過分析與比較，發現和開拓新的市場、占領市場發展的制高點，提高企業的生產經營效率與收益。

企業家精神具有「風險」，因為在所謂的企業家中，只有少數幾個人知道他們在做些什麼。務實、腳踏實地而不好高騖遠，我們需要的就是這種企業家社會。在這個社會中，創新和企業家精神變得很平常，因為創新具有風險，但不創新的風險更大。處在企業家社會的管理者，能夠形成很強的團隊合作與進取精神，善於學習和模仿別人的成功經驗與做法，勇於突破別人的成功經驗，同時還要善於在總結和綜合前人經驗的基礎上，進行再創新。

創新的七大來源

　　杜拉克認為，大多數的創新來源於變化，因而十分普通和平凡，企業家們可以透過訓練就能掌握。創新並不一定與新的技術相關，也完全不需要形成一種可見的實體，只需要系統地關注以下 7 個方面就可以發現和掌握創新。

偶然性事件

　　杜拉克認為，組織的創新源於有目的、有系統地尋找變化，在尋找變化的過程中，就可能發現經濟或社會發展帶來的機遇。杜拉克說：「沒有哪一種比源於意外的成功，提供更多的成功機遇。」因為，這些意外的事件所提供的偶然機遇，風險最小，出現的過程較短，主體尋求的歷程簡單。創新源於變化，變化中意外的、偶然的事件，就成為最易成功的創新之源。但是，由於人們傳統慣性思維的存在，人們在潛意識中，認為事物的發展是沿著固定的軌道前行的，這就容易把任何與我們頭腦中認知的事物或法則不符的東西視為不合理，對這種反常的現象予以拒斥。意外的、偶然的機會被大多數管理者幾乎完全忽視；而敏銳的、有創新意識的管理者，相信偶然性的背後一定有必然性，能透過偶然的變化，成功抓住創新的機遇。偶然性是創新產生的關鍵徵兆，

261

透過對偶然性的分析，掌握事物變化的規則，創新就有了可靠的根源。

杜拉克還發現，人們對失敗所帶來的創新機遇同樣視若無睹，對失敗的態度存在著驚人的錯誤，很少人把失敗當作創新的機遇。在他看來，意外失敗的偶然性，在於它違背了人們經過精心設計的規畫及小心執行後仍然失敗的計畫，這說明了意外的失敗裡，隱含著人們尚未意識到的客觀必然性，這種失敗通常隱含著創新的機遇。他說：「意外的失敗要求你走出去，用眼看、用心聽。失敗應該被視為創新機遇的徵兆，並應鄭重對待。」

根據杜拉克的觀點，無論是意外的成功或是意外的失敗，都是創新之源。因為「意外事件能使我們跳出先入之見、假設以及確定之事，非常有利於創新的產生」。意外事件意味著出現了新情況，這種新情況是已經實際發生的，與大多數人們仍然確信的情況存在著不一致，這種不一致的差異，正是創新的機遇所在。

不可協調的矛盾

杜拉克認為，相對於不可預見的偶然性來說，不協調性是顯性的。不可協調的矛盾是指事物的現有狀態與應該狀態之間、或者是事物的狀態與人們設想的狀態間的不一致。這種不協調，主要有四種類型。

一是一個產業（或公共服務領域）的經濟現況之間存在的不協調。主要表現為一個需求穩定成長的產業應該有利可圖，本身獲利也是大勢所趨，但在這個產業中，反而得不到利潤，這說明經濟現況之間產生了不協調。從公共服務領域來看，是指公共財政的收入與支出之間的差距，這也是經濟現況不協調的表現，這種不協調是一種宏觀現象，將為管理者提供創新的機遇。

二是一個產業（或公共服務領域）的現狀與設想之間存在的不協調。管理者只要找出現狀與設想之間差距的原因，並努力改善這種差距，在兩者之間尋求平衡點，就可以發現成功的創新機遇。

三是管理者預先設想的與實際的客戶價值和期望之間的不協調。杜拉克認為創新的本質是產生價值的實踐行為，檢驗的標準就是其價值的有效性和滿足人們的需求與否。如果與客戶的期望不一致，就要把預先的設想進行修正，或者以設想引導客戶的期望，這就會成為創新的來源。

四是程序的步驟或邏輯中發生的不協調。這種不協調是以任務為中心的，在人們本身所完成的任務中，如果發現程序步驟或邏輯的不合理性，透過對這種不合理性的完善，就可以達成創新。

克服流程中的障礙

在管理或工作任務的實施流程中，完善程序化流程的某些環節、彌補遺漏的環節、替換薄弱的環節，或者重新設計一個新的流程，克服這些流程中存在障礙的環節，就有可能成為創新的來源之一。

杜拉克認為，基於克服流程中障礙的創新，有 5 個基本要素：

一是一個獨立的流程；

二是存在欠缺或薄弱的環節；

三是一個清晰明確的目標；

四是清楚地界定解決方案的規則；

五是員工對克服流程中的障礙達成共識。

產業和市場的變遷

人們一般認為，產業和市場結構從表面上看非常穩定，有時可持續很多年。但實際上，市場和產業結構相當脆弱，受到一點點衝擊，它們就會瓦解，而且速度很快。杜拉克認為，這種社會現實的巨大變革所帶來的影響，致使每一個社會成員都不得不有所反應，與此同時，也帶來了大量的創新機遇。因為，當某一個產業發生快速成長並導致市場飽和時，它認知和服務市場的方式，就可能不再合時宜。這時，

整個市場和產業都呼喚創新，以此代替原有的產業，這就會為創新的產生提供無限的機遇。為此，杜拉克強調，當市場或產業結構一次次發生變化時，當前產業領導者通常會忽視成長最快的領域，它們仍然抱著即將不合時宜的營運方式不放，而該領域的創新者則有良好的機會自行發展。

人口的變化

杜拉克認為，所謂人口的變化不僅僅是數量上的增減，而且還有著豐富的內涵，包括人口規模、年齡結構、人口組成、就業情況、教育情況以及人口收入的變化。在傳統上，人們認為人口變化是緩慢的、在不知不覺中進行的，但杜拉克認為，這種看法是毫無根據的猜想。實際上，人口變化是突然爆發的、令人摸不著頭緒的，變化的過程也往往相當神祕、難以解釋。這些變化會對整個社會的經濟、政治和文化有直接的影響，隱藏著巨大的創新因素。

利用這種時刻發生的人口變化，可以為創新提供需要的價值對象，也可以為創新開闢新的領域。

有學者認為，人口高齡化將可能促進以下產業的發展：

一是健康服務產業。這個產業的產業鏈很長，包括：無汙染的農產品種植、物流和配送；養生、飲食、保健等相關的服務；在養生和中醫基礎上的治療……等行業。大量的數

據顯示，西醫治不好的一些慢性病，透過中式傳統的食物治療和中醫養生調理，獲得較好的恢復和改善，這將引發越來越多的資本進入這些領域，推動產業發展。

二是長照與養老服務。隨著高齡人口數量的增加和服務需求的細節化，如何為老年人提供更好的照顧和精神慰藉，這其中蘊含著巨大的商業創新機會。傳統的家政服務，只是為家庭提供簡單的服務（如清潔服務等），今後，隨著市場需求的不斷增加，企業的專業化分工會越來越明顯，服務細分進一步突出，將涉及日常保健、購物消費、訂餐送餐、長期照護服務、養老服務等 20 多個領域的服務專案。

三是老年旅遊市場。據業內人士分析，老年人出遊有幾大方便條件：一是不受時間的限制，他們大多已退休在家；二是經費來源不困難，有積蓄、退休金、兒女的贊助等；三是健康觀念更新，身體條件好；四是隨著社會的進步，尊老、敬老風氣越來越濃厚，社會、子女都願意給老年人提供各種方便。

四是老年用品市場。在許多已開發國家，有很多專門為老人進行特別設計的產品，如家電、相機等，都有方便老人的裝置，住宅中洗手間、廚房臺階、門檻等細微之處，也都為老年人著想，這種傾向，擴大到幾乎所有與老年人日常生活密切相關的消費品領域。

同時，即便是同一企業，也可以透過分析人口的變化，抓住發展的創新機遇，如乳品企業，針對人口高齡化的趨勢，新增了鈣、維生素與礦物質等強化型乳製品，這種產品有助於降低膽固醇、防止骨質疏鬆，從而保持健康、延緩衰老。

觀念的變化

杜拉克認為，當人們的觀念和認知發生變化時，事物本身並沒有改變，改變的只是它們的意義。事物的意義是人們賦予的，人們頭腦中不同的觀念和認知框架，賦予了事物不同的意義。隨著實踐和認知的發展，人們的觀念和認知框架也在不斷發生變化，對於事物的意義就有了不同的認知，創新機遇跟隨其意義的指示而呈現。以汽車市場的創新為例，汽車市場原本是按收入群體分割的，而當人們的認知發生了變化，顧客卻用生活方式來分割它。這說明人們認知的變化，為新的汽車市場指明創新的方向。

杜拉克還提醒人們，源於觀念變化的創新，還需要強調創新與時尚不同，即在利用認知變化的過程中，最危險的莫過於操之過急，看似認知變化的現象，實際上卻是曇花一現的時尚，在兩年內就會銷聲匿跡。當然，從時尚中也能尋找到創新的機遇，但是這種創新的價值，具有十分明顯的短暫性，而真正基於人們認知變化所產生的創新價值和持續時

間都相對長久。杜拉克強調，由於我們很難確定人們認知的變化是永久性的，還是曇花一現的，以及它所帶來的真正結果，為此要解決這樣的問題，必須從小而專的領域做起，其目的是盡可能準確無誤地利用人們的認知變化進行創新。

新知識的應用

杜拉克認為，基於新知識應用基礎上的創新，其特點是捉摸不定、善變且難以駕馭，具有間隔時間長和聚攏多種知識才能創新的特點，因而這種創新所付出的成本是極大的。從知識創新到可應用的實用價值之間（即從知識轉化為市場產品之間）的時間跨度很長，而且很容易被別的創新所取代，因而風險也極其高。杜拉克認為要做好這方面的創新，需要注意三點。

一是對所有必要的因素進行詳細的分析。這些因素為綜合知識、社會、經濟、認知等方面的因素，以論證創新的可行性，減少創新的盲目性。

二是要有清晰的策略定位，以確保獲取應有的成果。

三是基於科學或技術知識的創新者，需要學習並實踐企業家管理。所謂企業家管理，是指創新者必須破除舊的知識和思維的束縛，不能過度沉迷於原有的知識和技術，不能迷信品質就是技術的高超，因為企業家管理的精神所在，是為客戶或社會成員帶來新價值。

由於在上述新知識應用基礎上創新的特點與要求，杜拉克並不看好基於知識變化的創新。

創新的五大原則

杜拉克認為，創新分為兩大類：一類是天賦的，這類創新依靠個人的天賦能力，而不是依靠上述的 7 種來源，不是艱苦的、有目的、有組織的系統創新，而是短時間內的靈光閃現。這種靈光閃現的創新，在藝術家或科技工作者很常見，其特點是出現後無法重複再現，無法傳授，無法普及，只能存在於單個的個體；另一類創新靠系統的訓練、周密的思考、艱苦的探索可以獲得，這類創新才是杜拉克所要強調的，因為這類創新可以在實踐中透過訓練獲得，可傳授給別人，它並不神奇、不依賴於奇蹟，只需要良好的培訓，以及遵循以下五大原則。

從分析機遇入手

杜拉克認為，創新必須善於分析事物發展的機遇。他說：「成功的創新者都是保守的，他們不得不如此，他們不是專注於風險，而是專注於機遇的分析。」

何謂機遇？多數人看到機遇的偶然性、客觀性、人在

機遇面前的被動性以及掌握機遇的重要性。一般來說，機主要是指事情變化的樞紐或有重要關係的環節、機會、時機；遇是指相逢、遭遇。軍事名著《將苑》認為：「以智克智，機也，其道有三：一曰事，二曰勢，三曰情……善將者，必因機而立勝。」「夫必勝之術，合變之形，在於機也。非智者孰能見機而作？見機之道，莫先於不意。」說明了在戰爭中，能夠以智慧戰勝智慧，這是因為搶得了時機。所謂時機有三條：一是事件的發展，二是態勢的變化，三是情景的轉換。一個優秀的將領，必須隨時應變，抓住機遇，獲得勝利。而抓住戰機最要緊的是出其不意，攻敵不備。《六韜‧文韜》中說，凡兵之道，「用之在於機，顯之在於勢」。同樣指出戰爭原則的運用，在於掌握有利戰機，其外部表現就是「勢」。《戰國策》云：「敵不可易，時不可失。」是指明機遇的瞬時性、易失性以及不可逆性。中國東漢的王充，進一步揭示了機遇的客觀性和偶然性：「春種穀生，秋刈穀收。求物物得，作事事成，不名為遇。不求自至，不作自成，是名為遇。」在他看來，機遇不是有規律可循、不是人可以依靠自己的努力而獲得的，是事物發展的過程中，偶然出現的、對人有利的一種境況。古希臘哲學大師蘇格拉底認為：「最有希望成功的人，並非那些才俊之輩，反而是善於利用每一次機遇，並全力以赴的人。」18 世紀法國思想家盧梭說：「失去機遇，只得孤芳自賞，懷才不遇；掌握機遇，

才能如魚得水，左右逢源。」法國軍事家拿破崙說：「在戰爭中只有一個有利時機；能抓住此時機，就是天才。」他們都看到了掌握機遇對人的成功、對戰爭的勝負產生至關重要的作用，但都沒有擺脫把機遇理解為外在的、好的境遇和機會，而沒有進一步拓展機遇的內涵。

在杜拉克看來，機遇是必然與偶然、時間與空間、內因與外緣、主客觀條件的結合。

第一，機遇是偶然中的必然，必然中的偶然。從表面上看，機遇是事物發展過程中偶然出現的契機，但其背後有其出現的必然性，絕沒有脫離必然的、完全偶然的機遇。

第二，機遇是事物在時間上和空間上永恆而又曲折運動過程中的一個交會點。即有必然的規律可循，又展現著偶然性和不可重複性。

第三，機遇既是事物內在矛盾運動發展的結果，又由外部條件的激發、誘導而形成。

第四，機遇是客觀事物本身運動和人的活動共同作用形成的，尤其要注意從人的實踐活動和主觀進取的角度去看待機遇的形成和掌握。

多看多問多聽，發現新問題

杜拉克認為，創新來自於管理實踐中的新問題，新問題

來自於管理者的多看、多問、多聽。杜拉克曾說過：「創新既是概念的，又是感知的。」任何創新都是人們理性與感性的統一，要做到這一點，創新者務必要走出去，走進社會中，多看、多問、多聽，全面了解人們的期望、價值觀和人們的需求，了解創新的方案與人們期望之間的差距，反對那種脫離人們實際和市場實際的所謂創新。以今天的觀點來看，就是透過調查研究，以實事求是的態度去對待創新。

　　創新活動是從發現問題開始的，發現新問題是展開創新活動的前提和邏輯起點。解決在管理工作實踐中出現的新問題，首先，要能夠發現新情況、提出新問題，只有如此，才有解決問題的希望，才有可能推動事業的前進，看不到、提不出新問題，也就不可能有解決的希望。從整個創新過程來看，發現和提出新問題，比解決問題更有意義。大科學家愛因斯坦（Albert Einstein）說過：「提出一個問題往往比解決一個問題更重要，因為解決一個問題也許僅是一個數學上的或實驗上的技能而已。而提出一個新問題、新的可能性，從新的角度去看舊問題，卻需要創造性的想像力，而且代表科學的真正進步。」一個高明的領導者，往往能用深邃的眼光、獨特的視角，提出一些最富有新鮮感、最富有社會價值意義的問題，從而引發廣泛的討論、研究和思考，在爭論、比較、選擇中得出最符合實際的結論，為組織的發展開闢出新路。如果管理者拘泥於傳統觀念、用舊的思維方式觀察事

物，那麼就不會發現問題。看不到存在問題的管理者，根本不可能有創新活動，但如果換一個角度，用新的觀念、新的思維方式去看問題，就有可能及時發現問題，特別是在資訊化時代，有許多人們看慣了、習慣了的事物，需要管理者用新的眼光、創造性地思考，從而發現和提出需要解決的問題。

新問題需要管理創新者在實踐中去發現，需要深入工作、實際做深入的調查研究，並採用多種方法和途徑去廣泛蒐集材料，掌握盡可能新、盡可能多的資訊。

沒有調查就沒有發言權；想發現實際情況的新變化、察覺新問題，就必須深入實際調查才能看到、聽到、了解到各種實際情況，掌握第一手可靠的資料。

同時，在資訊化時代，資訊的來源和數量空前增大，隨著網路的發展，從網路上獲取資訊，日益成為創新者獲取新知、發現新問題的重要途徑。創新者也必須學會和運用現代高科技方式來獲取資訊的能力，對於網路上的資訊，能正確地加以識別、選擇、吸收、運用。面對大量的資訊，創新者必須要有識別優劣、見微知著、舉一反三的洞察力和想像力，否則就無法發現新問題、新機遇，甚至會被大量的垃圾資訊、虛假資訊所誤導。在資訊科技普及的情況下，有的創新者認為，了解情況、發現問題只要藉助於現代化的資訊工具和方法就可以了，這種看法和認知是錯誤的。誠然，對於

現代的資訊工具和方法，能盡可能快地、盡可能多地加以利用，但任何先進的工具和方法，都不可能把真實情況，特別是員工的活動、思想、要求、意願和心理活動具體而充分地反映出來，因而不能代替深入、仔細的調查研究工作，況且面對利用資訊科技得來的大量資訊，還需要透過調查研究來加以辨別其真偽和優劣，從而加以選擇。

　　創新者發現問題後，還要正確地加以篩選，確立適合的新問題，並將其納入自己的創新過程中，其確立的原則有五條：一是科學性原則，創新者選擇的新問題要有事實根據，是從實際中提煉出來的，而不是頭腦中假設出來的；二是需求性原則，創新者確立的新問題是管理實踐中迫切需要解決的問題，對其思考的創新成果能夠服務於管理工作實踐，有助於推進組織的發展；三是重點性原則，創新者要開拓性地工作，要解決實際問題，一般不能平均使用力量，要選擇突破口，抓住需要解決的新問題；四是例外性原則，創新者選擇的新問題不是常規性問題，不能用已有的知識和方法解決，必須確立的是特別問題、別人從未提出過，或曾經提出但沒有解決或沒有完全解決的問題，用以往的知識方法都無法解決，從而具有全新的價值；五是可行性原則，創新者確立的新問題，要考量自己的工作性質和範圍，衡量自己是否有能力加以解決，必須確立那些具有現實解決可能性的問題，不能流於空泛。

針對市場需求，簡單而專一

杜拉克認為，創新若要行之有效，必須簡單而專一，充分考量顧客對創新的接受能力。從實踐中看，任何富有成效的創新都是驚人的簡單。所謂簡單，是說創新功能便於被顧客操作，能被人們方便地使用，快速掌握並得到價值。

如果一種新產品的創新太過複雜，那麼往往在進入市場的初期，就會被人們所拒絕。創新堅持簡單的原則，還有利於快速地進入情況，減少複雜的投入或技術要求。所謂專一，則是突出創新過程中只能專一地、集中精力做好一件事情，一次創新程序只能圍繞一個創新目標進行。杜拉克說：「即使是可產生新應用和新市場的創新，也應該以專一、清楚的應用為標準，它應該專注於它所滿足的特殊需求，它所產生的特殊最終結果。」

從小處起步，從不起眼處開始

杜拉克強調的創新，是從最小的事情開始做起。他說：「有效的創新都是從不起眼處開始的，它們並不宏大，它們只試圖做一件與眾不同的事情。」他強調在創新的過程中，注重量的變化，透過潛移默化的改變，來實現質的突破。在杜拉克看來，創新是在實踐的過程中，用充足的時間，由細小處開始變化，並不斷地進行調整和改變，及時而有效地對

創新的對象、程序、步驟和措施進行改變和變更，累積小變為大變，從量變到質變的突破過程。

杜拉克的這條創新原則，反對的是**轟轟**烈烈的劇烈變更。追求場面的宏大、變更的劇烈、創新效果的顯著的創新，在杜拉克看來，是不足取的，會對組織帶來巨大的震盪，一旦遇到意外情況，就可能對組織帶來致命的風險，是一種孤注一擲的賭博式的創新。

杜拉克也反對突發奇想的點子式創新，反對立竿見影、急功近利的創新。其目的在於避免創新失敗的成本和盲目性。強調把創新切實可行地放在有目的、有組織的實踐活動中，從小處起步、從不起眼處開始，逐漸累積經驗、穩定推進，不可寄希望於依靠靈光一現的靈感、直覺和頓悟，也不可完全寄託在個人的個性上，任何依賴於個人個性、聰明點子式的創新，其短暫性將是注定的，這類創新的不可預測性，將不可避免地導致失敗。

目標是領導地位

杜拉克說：「不要為未來創新，要為現在進行創新。」要為組織獲得優勢、獲得領導地位而創新。他強調，創新意味著替代過去，並主導未來發展領域，「如果一個創新，不從一開始就注重其領導地位，那麼它不可能有足夠的創新意識，因而也不可能有所建樹。」從創新活動本身的情況來

看，創新本身是一個主動放棄舊事物、以新事物取代舊事物、主導未來的發展過程，但很多組織的管理者要麼對已經或即將喪失主導地位的舊事物視而不見，要麼消極等待，無法主動放棄、難以割捨，最終在市場的壓力下被動地放棄，這就有可能因時間和機遇的喪失，而失去原有的領導地位。因此，聰明的創新者以領導地位為依據，來判斷創新與否，對於已經喪失領導地位的事物，要果斷地分入舊事物的範疇，主動放棄；對於未來即將成為領導地位的新事物，雖然當前可能還很弱小，也要大力扶持，促進其發展，主動營造有利的發展態勢，為獲得領導地位創造良好條件。杜拉克建議：「創新性公司應當每隔三年左右就對它的每一種產品、生產程序、工藝技術、業務和市場應否存在進行一次檢驗。」以檢驗的結果來判斷該產品或服務是否仍處於該行業的領先地位，並決定下一步的行動。

為獲得領導地位，要做到兩點。

一是必須立足於長處，發揮強項，打造核心競爭力。核心競爭力具有難獲得、對手難模仿、短期內難超越和替代、對組織有重要價值……等特點，只有立足於建立這樣的優勢，才能真正居於領導地位。杜拉克說：「創新是一項工作，它需要知識，而且往往是需要大量的聰明才智，立足於創新主體的強項才能滿足創新的基本需求，才能創造出主導發展性的創新成果。」

二是在動態發展中掌握領導地位。創新所帶來的領導地位不是永恆的，而是處於動態發展中的，是在拋棄舊事物、創造新事物的動態過程中實現的，任何居於領導地位的事物，不可能永久存在下去，被後來的創新所取代，只是時間問題。

成為創新與變革的領導者

杜拉克認為過去的 20 世紀是社會變革的世紀，人口的變遷、藍領工人的興起與沒落、知識工作者的崛起、知識社會的興起、非營利組織的突起……等，都讓管理發生了革命性的變革，不斷的理論創新推動著管理的發展。可以預見，在 21 世紀，社會、經濟與政治的變革和挑戰更會層出不窮，會更加令人應接不暇。怎麼辦？杜拉克說：「成為一位變革的領導者才是上策。」

走在變革的前面

杜拉克認為，變革是社會發展的大趨勢，任何人都無法阻擋和改變。隨著社會向前發展，變革的力度、深度、速度會越來越快、越來越複雜。人們也經常說，當今世界唯一不變的，就是一切都在變。在不斷的變化面前，人們的態度和

行為無非有以下 3 種。

一是不知變，不願變。固守昨天，固守過去的成功與輝煌，打從心理和行為拒斥變化，千方百計地維持現狀，希望留住優勢，結果必將被現實無情地拋棄。

二是變而應變。當發現外部情況發現變化時，採取必要的措施以適應外部的變化。

三是未變而變，變中求不變。處在這種思想境界的管理者意識到，每個組織的管理者不管是否願意，都不能迴避變革，即便認為變革令人苦惱，也不得不正視變革。與其被動地迎接變革，不如主動地思考和行動，轉變對變革的態度，視變革為企業發展的常規動力、變革中創新為企業發展的根本動力，透過變革，讓企業不斷增加核心競爭力。如何主動的變革呢？杜拉克說：「我們無法左右變革，我們只能走在變革的前面。」所謂走在變革的前面，就是成為變革的領導者，未變而變，主動地、有決心、有能力去改變現有的狀態，這才是未變而變、變中不變的原則，也就是說，今後管理者不變的原則就是成為變革的領導者。

自《藍海策略》（*Blue Ocean Strategy*）一書於 2005 年問世以來，藍海策略思想在全球範圍內受到企業界的廣泛推崇。藍海策略強調企業突破傳統血腥競爭所形成的「紅海」，拓展新的、非競爭性的市場空間，這種策略所考量的，是如何創造需求，突破競爭。

只有這樣，企業才能以明智和負責的方式，拓展藍海領域，同時實現機會的最大化和風險的最小化。

變革的原則與方法

杜拉克認為，企業變革應遵守四大原則。

一是徹底放棄昨天。杜拉克認為，放棄舊的思維、服務、產品，是變革的前提，問題是主動放棄還是被動放棄。有些管理者之所以不願變革、不願放棄過去，是因為對變革的未來前景不確定，看到了變革的風險。但他們沒有看到，固然變革有風險，然而不變革風險更大。因而管理者要時刻具備變革的心態，具有壯士斷腕、斷然放棄昨天的決心。

二是有組織地改進。在杜拉克看來，變革不是徹底的革命，而是對現存進行系統的、持續改進的過程，重要的是在變革與連續性之間保持平衡，避免大起大落，避免因變革造成的企業混亂和資源浪費。

三是挖掘成功經驗。在漸進式的變革過程中，管理者應及時總結成功經驗，並能提升到一定的理論指導層面，為以後的變革提供理論指導和實例參考。還要及時發現「積極推動變革、成功實現變革」的優秀人才，培養、提拔他們，建立變革型人才資源庫，讓他們成長為推動變革的中堅力量。

四是創造變革。杜拉克認為，預測未來很困難，往往難以做到，但創造未來是可行的，因為今天面對未來、塑造未

來的每一項政策、每一項產品、每一項技術、每一項服務，都是在創造未來。管理者定期對這些方面進行系統的檢查和診斷，發現問題、危機、創新的機會，都可以實現對組織的系統化變革。

　　為此，必須注意三大問題。

　　一是有效地辨別變革的機會。需要管理者對企業定期進行考察，尋找企業中隱藏的變革機會。

　　二是有效規避影響變革的因素，克服變革的阻力。解決之道就是管理者在企業中建立「變革的夥伴關係」，讓企業中的管理者與員工之間、員工與員工之間資訊有效溝通，形成變革的共識。

　　三是保持變革與連續性之間的平衡性。每一次變革不應當是一種不計結果的冒險，這需要對變革帶來的風險進行仔細的觀察，分析變革幅度和頻率來實現平衡。具體的、最保險的方法，是先小範圍地推行變革，先在企業進行部分生產和測試，再決定是否採取推廣行動。其實施的步驟是：首先，在企業中發現想測試新事物的人，確保該人具有完成該項任務的能力和決心，管理者賦予他變革測試的任務，並為其提供相應的資源。其次，在企業內部或外部找到願意配合測試的被測試者，在對企業的產品和服務變革時，最好能夠找到一個願意合作的顧客。第三，透過企業與被測試者的合作，共同測試變革，若在變革測試中發現問題，管理者可以

不斷加以完善。第四，變革測試成熟後，可以推廣到整個企業；也可以逐步推廣，逐漸擴大變革的範圍，直至整個企業。

從管理走向領導

變革時代要求從管理走向領導，因為領導關注未來、面向未來，關注變革和機會，只有未來才需要「領」；而管理關注現實，關注控制。杜拉克認為，雖然在責任、績效等方面，管理者與領導者相同，但「領導就是負責率領並引導員工，讓他們積極工作，從而促進組織發展，而領導者則是承擔這種職責的人。」

任何組織都需要面對未來的風險和挑戰，需要積極主動地去變革，領導離不開變革與創新，越是變革、越是創新，就越需要領導力、越需要有遠見的領導者、越需要發揮領導作用。

領導對企業的影響是多方面的，領導的重點是激勵員工，與員工進行有效的溝通，可以提升員工的積極度、激發熱情、激發員工的創造性，領導塑造著創業的精神和文化。

組織變革中的領導力模型

領導力是組織變革成功的關鍵要素！只有具備變革領導

能力，才可能有變革組織能力！IBM 前總裁葛斯納（Louis
Gerstner）（1993 ～ 2002 年在職）雖然沒有在資訊業工作的
經驗，但他的領導力滿足了 IBM 組織變革的迫切需求，使
IBM 從病入膏肓的境地起死回生，重振了「藍色巨人」雄
風。葛斯納憑藉他創造的領導力模型，拯救了 IBM，使這頭
大象能翩翩起舞。

　　1993 年 4 月 1 日，愚人節，葛斯納出任 IBM 的董事長兼
執行長。此時的 IBM 連續 3 年虧損，當年的虧損額高達 80
億美元。尋找一位出色的大企業家來重振 IBM 的雄風，被戲
稱為「美國最艱鉅的工作之一」，美國的頂尖 CEO 都不願意
接受這個職位，時任奇異 CEO 的威爾許就拒絕挽救 IBM。恰
在愚人節這一天，IBM 董事會聘請一個依靠經營香菸和速食
起家、對電腦業純屬門外漢的葛斯納擔此要職，很多人認為
這真的是一個「玩笑」，顯示董事會對 IBM 的未來不會再有
任何偉大的遠景，IBM 將在葛斯納的懷中衰竭而死，戲言他
要為藍色巨人收屍。

　　然而，葛斯納卻用實際行動迅速而有效地回敬了那些
人。葛斯納以務實的態度、強硬的手腕、卓越的領導力，對
IBM 進行了一場成功的組織變革。變革的成效很快顯現出
來，第二年年底，IBM 獲得了自 90 年代以來的第一次獲利。
1995 年 6 月，葛斯納以 35 億美元併購 Lotus 公司，成為史上
最大的併購案，開始進入軟體市場，並一舉拿下企業網路市

場。當年，IBM 營業收入突破了 700 億美元大關。在隨後的幾年間，葛斯納成功地將 IBM 從製造商改造為一家以電子商務和服務為主的技術整合商。IBM 當之無愧地入選了「《財星》世界 500 大」的前 10 名，在技術產業界僅次於微軟。

在人們崇敬和欣羨的目光中，葛斯納進入了巴菲特、威爾許、蓋茲、葛洛夫等管理大師的「名人堂」。美國《時代》雜誌這樣評價葛斯納 ——「IBM 公司董事長兼執行長，被稱為電子商務鉅子。人們一直認為，葛斯納讓 IBM 公司擺脫了 80 億美元財政困境，並使其有了 60 億美元的獲利。其實葛斯納的絕技是把原本死板的 IBM 公司，變成一個巨大的、在電子商務各方面處於優勢的公司。自從葛斯納掌權該公司以來，公司的股票上漲了 1,200％。」

這一切都得益於葛斯納的領導力素養模型。

葛斯納首先提出了 11 項能力，透過這些能力的運用，強化相應的行為，推動建立一個全新的文化。這 11 項素養能力是：

●客戶角度；

●突破性思考；

●結果導向；

●團隊領導；

●坦誠溝通；

●團隊合作；
●堅定性；
●建立組織能力；
●教練制；
●個人貢獻；
●對組織的熱情。

在實踐過程中，葛斯納對這些素養能力進行重新整合和歸類，建構出獨具特色的領導力素養模型。這個模型由一個中心以及圍繞著它執行的三環組成，模型的中心是「對事業的熱情」，3 個圍繞著它執行的環，分別是：致力於成功、動員執行以及持續動力。

●環心：對事業的熱情。葛斯納認為傑出領導者對事業、市場的贏得，以及 IBM 的技術和業務，能為世界提供服務充滿了熱情。

●環1：致力於成功。包括對客戶的洞察力、突破性思維、渴望成功的動力。

●環2：動員執行。包括團隊領導力、直言不諱、合作、決斷力和決策能力。

●環3：持續動力。包括發展組織能力、指導和開發優秀人才，以及個人貢獻。

葛斯納在上任初期，透過兩項變革：一是消除對客戶需

求的冷漠，強化客戶導向文化。葛斯納在其到任後的第一次客戶會議上，就宣布：「將以客戶為導向著手，實施公司的優先性策略。」同時，「賦予研究人員更多的自由，讓他們放開手腳，實施以客戶為基礎的研究方案。」二是消除官僚習氣和組織惰性，建立市場導向的變革文化。葛斯納說：「資訊革命即將發生，電腦行業必須停止崇拜單純的技術，並開始注重技術對客戶的真正價值。」簡單來說，即客戶第一，IBM 第二，各項業務第三。IBM 再也不能靠亮皮鞋和微笑來過關了。上任幾週後，IBM 最大的 200 家客戶的資訊執行官，被邀請到一個度假聖地，參加了一次非同尋常的會議。IBM 的經理們第一次虛心向客戶請教 2 個最簡單的問題：「我們做對了哪些？做錯了哪些？」在隨後開展的「熱烈擁抱」計畫中，葛斯納要求 IBM 高階管理團隊的 50 名高階經理中的每一個人，都要在 3 個月內，至少拜訪公司的 5 個最大客戶中的一個。而高階經理下屬的 200 名經理，也要執行「熱烈擁抱」計畫。執行之後，每人還必須遞交一份 1 ～ 2 頁的書面報告。葛斯納認為「堅決以客戶為中心」，是 CEO 的個人素養中，必不可缺少的一條。

　　葛斯納特別注重打造領導團隊。他透過在「領導能力標準」中滲入所倡導的價值理念，使認同、執行這些價值理念的合格經理人，優先進入領導職位，從而形成發揮文化領導力的核心力量。他曾說：「如果你今天問我，什麼是我在

IBM 任職期間自認為做得最出色的事，我會告訴你，這件事就是 —— 打造 IBM 的領導團隊。」「我把提升和獎勵擁護新公司文化的高層經理，視為我的最首要任務。」

葛斯納發現，所有高績效的公司，都是透過原則，而不是程序，來進行領導和管理的。組織決策者應該能夠根據具體情況，聰明、靈活和因地制宜地將這些原則應用到實踐中去。為此，葛斯納對整個 IBM 的組織程序簡化為 8 條原則：

「市場是我們一切行動的原動力」；

「從本質上說，我們是一家科技公司，一家追求高品質的科技公司」；

「我們最重要的成功標準，就是客戶滿意和實現股東價值」；

「我們是一家具有創新精神的公司。我們要盡量減少官僚習氣，並永遠關注生產力」；

「絕不要忽視我們的策略性遠景」；

「我們的思想和行動要有一種緊迫感」；

「接觸的和有獻身精神的員工將無所不能，特別是當他們團結在一起、成為一個團隊，開展工作時，更是如此」；

「我們將關注所有員工的需求以及我們的業務得以開展的所有社群的需求」。

葛斯納把 8 條原則視為「IBM 新文化的核心支柱」，以

掛號信的方式，郵寄給 IBM 遍布全球的所有員工。葛斯納透過原則性領導的方式，將客戶導向、創新、追求高績效等理念融入執行之中，大大地提升了 IBM 的核心競爭力和實際績效。

　　在組織變革的過程中，贏得下屬的理念認同，是領導有效性的關鍵。溝通、授權等領導技巧，具有比在傳統領導方式下更加重要的意義。葛斯納說：「公司的變革，需要 CEO 投入巨大的精力，用於溝通、溝通、再溝通。如果沒有 CEO 多年持續地致力於與員工進行溝通，且是用樸素、簡單易懂和有說服力的語言去說服員工，讓他們行動起來，公司就不會實現根本的變革。」他始終認為，個人領導魅力是「組織變革過程中最為重要的因素」。而個人領導魅力是一種溝通、開放的態度，是一種經常性地、誠實地與自己的讀者或聽眾交談的意願和智慧；最重要的是，個人領導魅力是一種熱情，是追求事業的熱情。

電子書購買

爽讀 APP

國家圖書館出版品預行編目資料

彼得‧杜拉克對話現代，管理哲學的傳承與創
新：深度挖掘管理學之父的經典理論，塑造現
代管理新紀元 / 吳越舟 著 . -- 第一版 . -- 臺北市
: 財經錢線文化事業有限公司 , 2024.04
面；　公分
POD 版
ISBN 978-957-680-817-3(平裝)
1.CST: 杜 拉 克 (Drucker, Peter Ferdinand,
1909-2005) 2.CST: 學術思想 3.CST: 管理科學
494　　　113002845

彼得‧杜拉克對話現代，管理哲學的傳承與創新：深度挖掘管理學之父的經典理論，塑造現代管理新紀元

臉書

作　　者：吳越舟
發 行 人：黃振庭
出 版 者：財經錢線文化事業有限公司
發 行 者：財經錢線文化事業有限公司
E - m a i l：sonbookservice@gmail.com
粉 絲 頁：https://www.facebook.com/sonbookss/
網　　址：https://sonbook.net/
地　　址：台北市中正區重慶南路一段六十一號八樓 815 室
Rm. 815, 8F., No.61, Sec. 1, Chongqing S. Rd., Zhongzheng Dist., Taipei City 100,
Taiwan
電　　話：(02) 2370-3310　　傳　　真：(02) 2388-1990
印　　刷：京峯數位服務有限公司
律師顧問：廣華律師事務所 張珮琦律師

定　　價：375 元
發行日期：2024 年 04 月第一版
◎本書以 POD 印製
Design Assets from Freepik.com

獨家贈品

親愛的讀者歡迎您選購到您喜愛的書，為了感謝您，我們提供了一份禮品，爽讀 app 的電子書無償使用三個月，近萬本書免費提供您享受閱讀的樂趣。

ios 系統

安卓系統

讀者贈品

請先依照自己的手機型號掃描安裝 APP 註冊，再掃描「讀者贈品」，複製優惠碼至 APP 內兌換

優惠碼（兌換期限 2025/12/30）
READERKUTRA86NWK

爽讀 APP

- 📱 多元書種、萬卷書籍，電子書飽讀服務引領閱讀新浪潮！
- 🎧 AI 語音助您閱讀，萬本好書任您挑選
- 🔍 領取限時優惠碼，三個月沉浸在書海中
- 🔔 固定月費無限暢讀，輕鬆打造專屬閱讀時光

不用留下個人資料，只需行動電話認證，不會有任何騷擾或詐騙電話。